未来互联网基础理论与前沿技术丛书

SDN/NFV 基本理论
与服务编排技术应用实践

王兴伟 易 波 李福亮 著

科学出版社
北 京

内 容 简 介

本书主要对 SDN/NFV 下的服务功能链编排机制进行实践与应用，以控制平面与数据平面解耦以及网络功能与底层专用硬件解耦为基础，研究灵活的服务功能链组装、配置、部署、供给以及交付方法，降低大规模网络的运维和支出成本。

本书适合对未来互联网理论与技术有着浓厚兴趣的，同时具备一定计算机网络基础知识的学生阅读，旨在帮助他们更进一步了解未来互联网的发展趋势和主要技术挑战。

图书在版编目(CIP)数据

SDN/NFV基本理论与服务编排技术应用实践/王兴伟，易波，李福亮著.—北京：科学出版社，2021.5

（未来互联网基础理论与前沿技术丛书）

ISBN 978-7-03-067462-3

Ⅰ．①S… Ⅱ．①王… ②易… ③李… Ⅲ．①计算机网络-网络结构-研究 Ⅳ．①TP393.02

中国版本图书馆CIP数据核字(2020)第272763号

责任编辑：张海娜 王 苏／责任校对：王萌萌
责任印制：吴兆东／封面设计：蓝正设计

科 学 出 版 社 出版

北京东黄城根北街 16 号
邮政编码：100717
http://www.sciencep.com

北京厚诚则铭印刷科技有限公司 印刷

科学出版社发行　各地新华书店经销

＊

2021 年 5 月第 一 版　开本：B5(720×1000)
2022 年 2 月第二次印刷　印张：9 1/4
字数：184 000

定价：80.00 元

（如有印装质量问题，我社负责调换）

前　言

软件定义网络(software defined networking, SDN)和网络功能虚拟化(network function virtualization, NFV)受到国内外学术界和工业界的广泛关注,针对 SDN 和 NFV 集成网络架构的研究也不断涌现。本书主要对 SDN/NFV 下服务功能链编排机制的实践与应用进行介绍,包括服务功能链的组装、配置、部署、供给和交付等。本书内容的主要特点在于两方面。一方面,通过 SDN/NFV 集成架构,实现控制平面和数据平面的可编程,从而完成大规模网络中灵活、低成本、可靠和可扩展的服务供给与交付。另一方面,除了解耦控制平面与数据平面之外,还对网络功能特性与底层专用硬件进行解耦,以软件化和虚拟化的形式实现多种网络功能,从而大规模降低网络的投资成本和运营成本。本书结合作者在网络服务质量和路由等方面的研究成果,对基于 SDN 和 NFV 的服务功能链编排展开详细的研究和论述,主要内容如下。

第 1 章为绪论部分,主要介绍 SDN 和 NFV 的相关研究背景,并说明这两种技术的主要应用领域。通过分析 SDN/NFV 在各领域的主要应用,引出本书的重点,即 SDN/NFV 下的服务功能链编排机制的研究。

第 2 章构建 SDN/NFV 的服务功能链编排架构,该架构将提出的具体算法串联起来,从而提供一套全面、完善、智能化、可扩展的服务供给模型。

第 3 章介绍 SDN/NFV 下的服务功能链供给问题。SDN/NFV 下的服务功能链供给主要包括虚拟服务功能的部署和流量引导两部分,该章针对这两部分提出服务功能链供给算法,并进行仿真评估与分析。

第 4 章在服务功能链供给的基础上,介绍 SDN/NFV 下的服务功能链重组问题。在服务功能链供给实现之后,会持续一段生命周期。在此期间,可能需要根据用户来对该服务功能链进行重组。于是,提出对应的服务功能链重组算法,并进行仿真评估与分析。

第 5 章主要介绍服务功能链的优化问题。为了进一步提高服务功能链的质量,从服务功能调度的角度出发,提出对应的优化算法,并进行仿真评估与分析。

第 6 章对本书的主要研究工作和贡献进行归纳总结,并对一些仍未解决的问题提出后续的工作展望。

作者在 SDN、NFV、服务质量和服务编排等领域开展了多年研究，书中主要内容都是这些研究的成果，来自相关原创论文。本书的撰写得到东北大学计算机科学与工程学院、软件学院与网络中心的老师和研究生的支持帮助，在此表示感谢。

本书得到东北大学"双一流"建设经费资助。

由于网络相关技术发展迅速，许多问题尚无定论，加之作者水平有限，书中难免存在不妥之处，敬请同行及读者批评指正。

目　　录

第1章 绪　　论

1.1　研　究　背　景

　　Internet 作为一个全球互联网络，具有世界上最丰富的信息资源。它由规模庞大且类型多样的网络设备(如路由器、交换机、服务器等)构成。在这些网络设备内部运行着众多复杂且异构的网络协议(如 IPv4 和 OSPF(open shortest path first，开放最短路径优先))。正是基于这些协议，全世界范围内的信息才能被快速准确地传输到目的地。网络规模的扩大和网络设备的发展，促使涌现出了大量新型的应用。面对这些应用，传统的网络管理机制和协议部署方式显得非常乏力，主要原因在于新规则的部署和实施需要运营商手动配置底层设备的相关参数。然而，不同设备供应商所提供的底层设备配置方式不尽相同。这种异构的特征直接导致新规则的部署过程变得非常困难而且出错率极高。由于这样的情况广泛存在于互联网中，如今的互联网才变得越来越臃肿和难以管理。虽然已经有一些网络管理工具提供了相对方便的网络配置方式，但是它们其实仍然是在不同的协议、机制、配置接口之间进行适配，因此并没有从本质上改变网络僵化和臃肿的特性[1]。

　　互联网中实现各种各样网络功能的专用设备又称为中间盒子[2]。随着中间盒子数量的不断增长，新型网络服务的部署和运行既要考虑网络的多样性，又要考虑与这些中间盒子的兼容性。除此之外，私有设计、集成与操作等特点都增加了专用硬件设备的复杂性。网络技术和商用硬件的快速发展也导致专用硬件设备生命周期过短。这些特点严重降低了网络的灵活性，导致网络中一项新协议从设计、评估到进入部署阶段往往需要 5～10 年的时间才能完成[3]，由此带来了高额的成本代价。因此，解决这些问题对于互联网的创新与发展、降低产品开发周期和成本、提高服务部署与实施的灵活性有着重大的意义。

　　软件定义网络(SDN)[4]的出现重新定义了网络管理和设计的方式，为互联网的扁平化(网络控制和数据转发紧密耦合导致大规模网络极其复杂)和僵化(网络中大量位置固定且难以修改的中间盒子严重降低了网络的灵活性)问题的解决带来了希望。首先，SDN 将底层设备(如交换机)中的控制部分与数据转发部分解耦,形成彼此独立的控制平面和数据平面,从而打破互联网的扁平化结构。通过对网络的控制能力集中化,SDN 既简化了网络的管理和控制操作,也提高了网络管控的灵活性与效率。其次,控制与转发的分离也简化了底层设备的工作原理,如 SDN 中的交换机只负责根据控制平面所制定的规则进行数据转发。通过对应的南向接口,控制平面还能实现对数据平面设备的批处理操作,如同时在多个设备上部署同一协议等。在众多开源南向接口中,目前公认的标准是 OpenFlow 协议[5,6]。任何支持 OpenFlow 协议的交换机都至少维护着一张流表用于记录相应的包转发规则,如修改、转发、丢弃等。这些规则通常由网络运营商或服务提供商制定,并通过控制器下发给物理交换机,根据下发规则的不同,OpenFlow 交换机还可以提供防火墙、负载均衡等功能。这种结构的好处是运营商可以通过控制平面提供的接口来编写各类应用程序(如访问控制),从而实现对网络的灵活、动态管理和配置。

近几年,商用现货(commercial-off-the-shelf, COTS)硬件的发展已经越来越成熟。相较于专用硬件设备,它们在满足用户需求的同时,能提供更大的容量和更低的成本。因此,电信运营商已经开始尝试将网络功能从专用硬件设备中解耦出来,并将这些功能运行在基于标准体系结构的商用设备上。最终,超过 20 个世界级的电信运营商于 2012 年 10 月联合提出了网络功能虚拟化(NFV)的概念,实现对互联网中间盒子的虚拟化,从而提高网络的灵活性,降低网络的运维成本。

基于标准的 IT(互联网技术)虚拟化,NFV 提出将异构的网络整合为由大容量的商用服务器、交换机、存储设备等构成的符合通用标准的网络。这些商用设备的部署并不像专用硬件设备那样受限于很多因素,如地理位置等。因此,在快速服务部署以及运维等方面有着专用硬件设备无法比拟的优势。此外,通过使用通用硬件来取代专用硬件,不但能够屏蔽底层硬件结构的差异特性,也增加了网络的可扩展性。NFV 将网络功能从物理硬件中分离出来,并以软件的形式来实现这些功能。因此这些软件又称为虚拟化网络功能(virtual network function, VNF)[7]。理论上,几乎所有的网络功能都能以 VNF 的形式实现。这些 VNF 除了能够提供和专用硬件同样的网络功能特性,还支持动态初始化、运行及部署等一系列操作。除了 VNF 之外,NFV 架构中另外一个重要的部分是网络服务的管理与编排(management and orchestration, MANO)[8]。MANO 是 NFV 的控制和服务编排中心,它既负责管理 VNF 的生命周期,也能够根据网络的需求随时安装或者回收 VNF。这种灵活的 VNF 部署与回收策略极大程度地降低了网络的投资成本(capital expenditures, CAPEX)和运营成本(operation expenses, OPEX)[9]。

　　本质上而言，SDN 和 NFV 之间并不存在相互依赖的关系。NFV 可以在没有 SDN 的情况下实现资源的虚拟化和 VNF 的部署，SDN 也是如此。然而，从技术和整体架构上考虑，SDN 和 NFV 具有高度互补的特征[10]。例如，基于 NFV，SDN 能够实现控制器的虚拟化，并将其作为 VNF 部署到网络中，从而提高 SDN 本身的扩展性和灵活性。反过来，基于 SDN 集中式的控制和网络视图，NFV 能够更有效地引导流量经过对应的 VNF，从而快速地实现服务的交付。因此，基于这种高度互补的关系，越来越多的研究开始倾向于将二者进行结合，对于众多的电信运营商更是如此。一方面，在电信业务层面，运营商希望通过部署 NFV，向新的商业模式转变，在促进收益的同时降低整体成本(包括 CAPEX 和 OPEX)。另一方面，在网络结构层面，各大运营商希望能够采用 SDN 所提供的集中、灵活的架构，从而加速 NFV 的部署与实施。由此可见，服务的快速部署与灵活实施是 SDN 与 NFV 结合的重要应用情形之一。大规模传统电信网络中的新型网络服务通常都需要经历一段冗长且艰难的验证、测试和试用过程才能正式投入部署，而 SDN 与 NFV 结合的新型网络架构带有自动化管理、编排和配置能力，能有效地缩短新型服务或应用的开发周期，使得运营商较快地获得收益。

　　尽管 SDN 和 NFV 的结合能够在网络服务编排与供给方面带来巨大的优势，但这种集成的网络架构尚处于研究初期，并且大部分研究工作的覆盖深度和广度都不够，很多问题都有待解决，如基于 VNF 的服务功能链的可扩展与可靠性问题。在面对大规模、扁平化且充满中间盒子的 Internet 时，这些问题显得尤为突出。基于这样的现状，有必要对 SDN 和 NFV 的结合以及相应的服务编排与供给机制进行深入的研究。

1.2　SDN 概述

1.2.1　SDN 特征

　　SDN 起源于美国斯坦福大学 Clean State 课题组围绕 OpenFlow 协议所做的工作。发展到今天，SDN 已经演变为一种网络架构思想。其本质是将网络控制能力从数据转发设备中分离出来，构造一个抽象的集中控制平面，通过对外提供控制平面接口，从而实现对网络的可编程控制。因此，根据图 1.1 所示的 SDN 架构，其主要特征可以归纳为如下几点。

（1）网络控制与数据转发分离。传统网络中，路由器除了需要转发数据包外，在必要时还需要执行具体的路由控制算法，为新到达的数据包寻找一条合适的路径。然而，在 SDN 中，由于控制与转发的解耦，底层的交换机不再具备路由的能力。它们只负责根据规则转发数据，从而减轻数据平面的负担。对于无法匹配的数据包则交由上层控制器处理，控制器执行路由算法之后，将相应的规则下发给对应的交换机，从而实现新数据包的转发。

（2）集中控制。SDN 将交换机中的控制部分抽象出来，并集中放置在控制器中，构成一个单独控制平面，实现对网络的统一管理。控制器直接管理底层设备，因此它具有全局的网络视图，借此能够更加有效地进行路径规划，快速准确地发现网络中存在的问题，从而采取应对措施。

（3）网络可编程。SDN 控制平面对外提供了一套可编程接口。通过这些接口函数，运营商可以根据自身网络的现状，实现相应的网络管控机制，达到提升网络各方面性能的效果。此外，运营商也可以根据用户的需求，有针对性地开发各类上层应用。

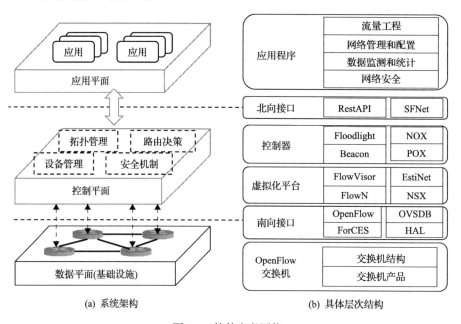

(a) 系统架构　　　　　　　　　(b) 具体层次结构

图 1.1　软件定义网络

基于这些特征，SDN 相对于传统网络具有以下优势。

（1）简化了网络的管理与控制。频繁的配置和性能可见性导致传统网络的管理变得非常困难。SDN 通过对外提供可编程接口，最大化网络的可见性。同时，集中式的控制可以实现配置的批量处理，从而简化网络的管理与控制。

(2) 降低了网络投资与运营成本。SDN 将底层硬件简化为纯粹的数据转发设备，从而减少了 SDN 部署的投资成本。此外，通过集中式的控制器，可以对网络进行统一调度管理，降低 SDN 的运营成本。

(3) 提高了网络的敏捷性。SDN 支持在现有物理网络设施上搭建虚拟网络，用以实现某些特定用途，如迁移或者保护，并且 SDN 能够及时感知网络中的变化，并作出响应。

(4) 增强了网络安全机制。虚拟机以及虚拟资源的存在给网络带来了极大的安全隐患。基于 SDN 架构，可以根据网络业务的需要，动态地部署更加细粒度的安全策略，从而达到保护网络安全的目的。另外，自动化的安全策略部署机制进一步提高了网络服务、应用的安全等级。

1.2.2　SDN 架构

SDN 的蓬勃发展离不开众多大型企业、运营商、设备制造商的参与。然而，也正是因为这样，如今才有各种细节异构的 SDN 架构，它们也都符合 SDN 的基本思想，即如图 1.1 中所示的三个平面与两个接口架构。

1. 数据平面

SDN 的数据平面和传统网络相似，它们均由一系列的网络设备组成。区别在于传统网络中的数据转发设备(如路由器)具有一定的控制和自主决策能力，而 SDN 将转发设备中的控制能力分离并转移至上层控制器中，从而将其简化为纯粹的数据转发设备(如 OpenFlow 交换机)。本节将介绍 OpenFlow 交换机结构及其相关产品。

1) OpenFlow 交换机结构

第一个定义比较完善的 OpenFlow 版本为 v1.0[11]，其结构如图 1.2(a)所示。它主要由一张流表和一条连接外部控制器的安全信道模块组成。其中，流表用于匹配数据包，执行相应的动作行为。安全信道模块用于控制器和交换机之间的通信。这种简单实用的结构使得 OpenFlow v1.0 成为至今应用最广泛的版本。图 1.2(b)是改进之后的 OpenFlow 协议结构——OpenFlow v1.1[6]。这个版本从多方面对流表进行了扩展。首先，OpenFlow v1.1 增加了一张组表，用于匹配广播和多播类消息。其次，它将 OpenFlow v1.0 中的单流表结构扩展为多流表结构。多张流表共同组成一个管道，用于处理更多类型、更加复杂的数据流。

为了便于说明，我们在图 1.2(c)中简单地描述了数据包通过流表管道时的处理流程。其中，x 和 y 表示已经累积的待执行数据包动作集。当数据包到达流表时，首先进行流表项匹配，寻找优先级最高的匹配项(①)。其次，执行匹配到的相关指令，如替换数据包的匹配域，从而进入下一张流表进行匹配(②)。最后，执行数据包在匹配过程中所累积的待执行数据包动作集(③)，通常包括将不匹配的数据包转发给控制器或者将匹配成功的数据包从某一端口转发出去。这种多流表的结构通常采用串行机制进行数据包的流水线匹配过程。

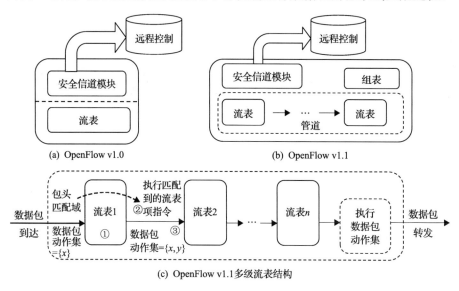

(a) OpenFlow v1.0   (b) OpenFlow v1.1

(c) OpenFlow v1.1多级流表结构

图 1.2   OpenFlow 协议结构

每张流表由三部分组成，分别为匹配域、计数器和指令集，其具体结构如图 1.3 所示。三部分协同工作，共同完成对数据流的匹配和处理。具体处理过程如下：对于一条新的数据流，首先会将其匹配域中的字段信息(如端口号、源物理地址等 15 个字段)与各流表项进行匹配。但是，通常没有必要匹配所有的字段。许多不必要的项可以使用通配符表示。一旦匹配成功，便更新该数据流对应的计数器和行为指令。对于计数器，不同的对象需要统计的指标不一样。例如，队列需要统计总发包数和错误数，而流表则需要统计包查询、匹配次数等。

另外，安全信道模块用于控制器和交换机之间的通信。一方面，交换机可以主动发起请求，控制器进行响应。另一方面，控制器可以主动向交换机请求当前网络状态，从而进行合理的配置和管理。

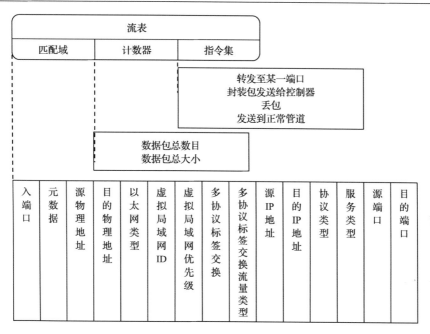

图 1.3　流表结构

2) 相关产品

在传统网络中，底层数据转发设备主要由路由器和交换机组成，并且路由器具有一定的自主路由控制能力。而在 SDN 中，底层的转发设备统称为交换机，因为它们不再具备路由的能力。考虑到 SDN 与传统网络共存的必然性，纯粹的 OpenFlow 交换机不具备实际的意义。因此现有的商用交换机设备通常为混合式，即它们同时支持 OpenFlow 协议和一些典型的网络协议。对于 OpenFlow 协议，交换机通过内置的三重内容寻址寄存器 (ternary content addressable memory, TCAM) 进行流表项的匹配和数据转发。由于 TCAM 的容量限制，这种基于流表项的转发规则比基于 IP 的转发规则要复杂很多，因此会导致高额开销及能量损耗。幸运的是，很多研究已经在着手解决 TCAM 的容量问题。例如，DevoFlow[12]，它能够自行处理网络中的老鼠流 (mice flow, MF)，仅在面对大象流 (elephant flow, EF) 时才向控制器发起请求。这种处理方式能够有效减少 TCAM 所必须存储的流规则。另外，网络企业级分布式架构 (distributed flow architecture for networked enterprises, DIFANE)[13] 划分了边界交换机与核心交换机。其中，边界交换机只存储部分转发规则，而核心交换机存储全部转发规则。只有当边界交换机匹配失败时才交由核心交换机处理。这种结构也从一定程度上减轻了 TCAM 的压力。

OpenFlow 协议无疑是促进 SDN 商用硬件发展的重要因素。目前，国内外的硬件设备商已经设计并制造出了各种各样的交换机来支持 OpenFlow 协议。表 1.1 列出了国内外的部分商用 OpenFlow 硬件交换机。这些设备既能应用在小规模、低速(千兆)以太网中，也能应用在大规模、高速(百万兆)的数据中心网络内。

表 1.1　OpenFlow 硬件交换机

制造商		硬件交换机	功能
国内	华为	S12700、CE12800 系列	数据中心网络核心交换机
	H3C	S12500 系列	云计算、数据中心间核心交换机
	锐捷	Newton 18000 系列	云数据中心、园区网的核心交换机
	盛科	V330 系列	混合式以太网、OpenFlow 交换机
	品科	P-3290、P-3295、P-3780、P-3920	混合式以太网、OpenFlow 交换机
国外	Cisco	Nexus 7000 系列	数据中心级交换机
	Brocade	CES 2000 系列	云计算、数据中心级交换机
	IBM	RackSwitch G826	支持虚拟化和 OpenFlow 协议
	NEC	PF5240、PF5820	企业级以太网混合交换机
	Intel	FM6000 系列	以太网交换机
	Juniper	Junos MX 系列、EX9200	云数据中心交换机

OpenFlow 硬件市场逐渐崛起，软件市场也没有停滞不前。尽管 OpenFlow 硬件交换机具有较好的性能和较广的应用范围，考虑到 TCAM 容量和成本的限制，直接使用这种硬件交换机来部署 SDN 环境是很多小公司所负担不起的。硬件交换机的维护与扩展都伴随着成本的增加。软件交换机具有低成本、容易部署和配置等优点，同样受到市场的广泛关注。OpenFlow 软件交换机的出现为在数据中心和虚拟化基础设施平台上部署 SDN 环境带来了极大的便利。目前，市面上已经出现了众多成熟的 OpenFlow 软件交换机，其中比较有代表性的是 Open vSwitch，它不但支持 OpenFlow 协议，还支持一些标准的管理接口与协议，并且具有较好的平台移植性。这些软件交换机主要用于实现 SDN 的测试床环境，以及促进 SDN 应用或服务的快速设计、开发与验证。表 1.2 列出了部分 OpenFlow 软件交换机。

表 1.2　OpenFlow 软件交换机

软件交换机	实现语言	功能	当前版本
Open vSwitch[14]	C/Python	在虚拟服务器环境中实现软件交换平台	v1.0
Pantou[15]	C	将商业无线路由器转变为 OpenFlow 交换机	v1.0
Ofsoftswitch[16]	C/C++	支持 OpenFlow v1.3 协议的软件交换机	v1.3
Indigo[17]	C	在物理交换机上部署 OpenFlow 协议的软件	v1.0
POFSwitch[18]	C	增强 OpenFlow 无感知转发的虚拟交换机	v1.3
LINC[19,20]	Erlang	基于 OpenFlow v1.2/v1.3.1 的开源交换机项目	v1.2

2. 南向接口

南向接口本质上是一组标准的应用程序接口(application programming interface, API),主要负责控制平面和数据平面之间的通信。就逻辑位置而言,南向接口位于控制平面和数据平面之间。因此,南向接口需要同时适配控制器和交换机。在众多南向接口中,受到广泛关注的是 OpenFlow 协议。OpenFlow 协议是第一个用于 SDN 的通信协议,它明确规定了如何建立控制器和转发设备之间的通信机制。本节将主要围绕 OpenFlow 协议来介绍 SDN 南向接口。

OpenFlow 协议的第一个版本发布于 2008 年 3 月,在当时只是斯坦福大学校园的一个实验室项目,并未引起广泛关注。OpenFlow 协议真正被学术界和工业界所认知、发现并大规模研究,始于 2009 年的 OpenFlow v1.0 版本[11]。OpenFlow v1.0 详细定义了流表结构,以及基于 12 个字段的数据流匹配过程。尽管 OpenFlow 协议已经更新了多个版本,目前使用最广泛的仍然是 OpenFlow v1.0 版本。图 1.4 给出了版本的变更过程。可以看出,从 OpenFlow v1.0 到 OpenFlow v1.1 的变化主要为将单表结构扩展为多表结构,同时增加了组表的概念。从 OpenFlow v1.1 到 OpenFlow v1.2 的变化主要在于引入多控制器,从而将控制平面的集中式架构扩展为分布式架构。OpenFlow v1.3 和 OpenFlow v1.4 主要对协议进行更新。OpenFlow v1.4 和 OpenFlow v1.5 的主要区别在于是否支持交换机进行学习,不过该操作需要控制器授权。另外,OpenFlow v1.5 在对流表项的操作上进行了完善,包括增加出口表和对流表项的封装动作。OpenFlow v1.6 版本目前未公开,但是在 OpenFlow v1.5 的白皮书[21]中以及官方文档[22]中可以看出相关的趋势,即向 OpenFlow 协议中融合一些新的特性,如网络功能虚拟化。

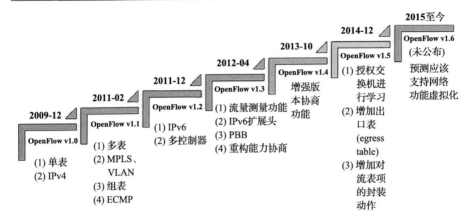

图 1.4　不同版本的 OpenFlow 协议

OpenFlow 协议将控制器和交换机之间的消息分为三大类，分别为控制器请求消息、异步消息和同步消息。其中，控制器请求消息由控制器发起，用于获取交换机的状态，从而制定相应的管控策略。异步消息由交换机发起，它将网络的状态信息发送给控制器。同步消息可由交换机或者控制器任意一方发起，直接建立连接。对于每类消息，其具体的分类和描述如表 1.3 所示。

表 1.3　控制器和交换机之间的消息分类[6]

消息类别	消息子类别	消息描述
控制器请求消息	Feature	控制器请求交换机支持的功能
	Configuration	控制器设置或查询交换机配置信息
	Modify-state	控制器管理交换机状态
	Read-state	控制器获取交换机的状态统计信息
	Send-packet	控制器通过交换机指定端口发送数据
	Barrier	控制器确保消息满足依赖
异步消息	Packet-in	交换机通知控制器数据包在流表中不匹配，请求决策
	Flow-removed	交换机通知控制器流表项被删除
	Port-status	交换机通知控制器某端口状态发生变化
	Error	交换机通知控制器发生了错误
同步消息	Hello	建立交换机和控制器的连接
	Echo	测量交换机和控制器之间的时延和连通性
	Experimenter	提供额外附加信息，为未来版本预留

以上三类消息基本能够涵盖控制器和交换机之间的通信类型。除了

OpenFlow 之外，其他的南向接口还包括 ForCES[23]、OVSDB[24]、OpFlex[25]、OpenState[26]等。尽管 ForCES 提出将网元设备中的控制和转发从逻辑上进行分离，但它并不修改网络整体架构，即控制与转发功能仍然位于同一物理设备内部。在这种情况下，网络中的每个节点仍具有一定的自主控制能力。因此，ForCES 并不需要像 SDN 一样使用集中式的控制器。OVSDB 是对OpenFlow 协议的补充，它既为 Open vSwitch 提供了高级的管理功能，同时也支持虚拟交换机的实例化、QoS 部署、队列管理以及信息统计等网络功能。与 OpenFlow 主张转发控制完全分离不同，OpFlex 认为交换机中还是应该保留部分的控制功能，这在一定程度上提高了系统的扩展性。OpenState 提出使用扩展有限状态机的方法来抽象 OpenFlow 协议对流表的匹配动作，从而尽量减轻数据平面对控制平面所造成的负担。此外，其他一些轻量级的 API，如 ROFL[27]和 HAL[28]，则更像位于 OpenFlow 协议和数据平面之间的抽象层，它们能够起到屏蔽底层差异的作用。因此，从 SDN 的角度而言，这些 API对外的表现形式也接近于南向接口。目前南向接口的种类繁多，本书将主要的一些南向接口汇总在表 1.4 中。

表 1.4　SDN 南向接口

南向接口	研究机构或人员	功能
OpenFlow[6,11]	斯坦福大学	实现远程控制器和交换机之间的通信
ForCES[23]	IETF	从逻辑上分离底层设备中的控制与转发功能
POF[29]	Song 等	控制器完成对数据包的解析，将匹配字段交由交换机进行匹配
OVSDB[24]	IETF	增强 OpenFlow 协议，添加了 QoS 部署、队列管理、信息统计等功能
OpFlex[25]	Cisco	将部分控制功能重新转移到交换机中
OpenState[26]	Bianchi 等	提出扩展有限状态机实现转发设备内部的多状态任务
HAL[28]	Parniewicz 等	支持将传统网元设备抽象为 OpenFlow 兼容设备
ROFL[27]	Sune 等	提供抽象层屏蔽不同版本 OpenFlow 的差异性
PAD[30]	Belter 等	支持对转发设备进行泛型编程
OpenFlow v1.5[21]	ONF	在 OpenFlow 协议的基础上赋予交换机一定的学习能力（由控制器授权）

随着市场上的各大硬件设备商分别推出各具特色的 SDN 控制器，标准化的 OpenFlow 协议已经无法完全满足这些控制器的功能需求。于是，各硬件设备商纷纷根据各自控制器的特点，在 OpenFlow 的基础上研发其控制器专用的南向接口。这种做法促进了 SDN 的发展、部署与实现，也造成了 SDN异构的现状。

3. 控制平面

控制平面也称为网络操作系统，它除了管理网络资源、维护网络运营之外，还对外提供虚拟化平台的可编程接口。因此，控制平面主要由两部分组成，分别为控制器和虚拟化平台。控制器负责控制和管理底层设备以及物理资源，同时基于全局网络视图制定相应的路由、调度和管理策略。虚拟化平台是运行于控制器和物理设备之间的软件层，它能够对硬件资源进行虚拟化，允许多个控制器共享底层硬件设备而不发生冲突。

1) 控制器

在计算机体系结构中，操作系统的任务是对系统资源进行抽象、提供相应的安全机制。借此，开发人员可以更加关注应用程序本身而不必去考虑应用与计算机硬件之间的兼容性等问题，从而提高产品的开发效率与质量。与此类似，如果将 SDN 看作一个整体，那么控制器就是网络操作系统，它对数据平面的设备和资源进行抽象，并将抽象资源以统一的视图形式提供给控制平面。网络运营商想要部署网络规则，也必须通过控制器生成网络配置文件并批量下发到转发设备的流表中。

SDN 控制器由东向、南向、西向、北向四个接口，以及系统内部的基本功能模块组成。一般来说，东向、西向接口并不对外开放，由控制器开发商自行设计。其中，东向接口负责与其他控制器交互，西向接口用于备份(如将重要数据备份到备用控制器中)。南向接口默认使用标准的 OpenFlow 协议，负责与数据平面通信。北向接口负责与应用程序交互，也是目前开放性最高的接口。图 1.5 给出了控制器的基本结构，以及一些基本的功能模块。除了四个接口外，拓扑管理模块记录整个网络的拓扑结构，它通过主动请求或被动接收拓扑修改消息，从而对网络拓扑信息进行更新。转发决策模块则根据全局视图来制定相应的流表规则。安全机制模块主要保证系统的正常运行，例如，高优先级的流表规则不应该被较低优先级的流表规则所覆盖。

由于 SDN 的维护以及推广组织开放网络基金会(Open Networking Foundation, ONF)并没有明确规定控制器的标准结构，于是，针对不同的网络环境和应用场景，工业界和学术界纷纷设计并推出了自己的控制器。这些控制器在系统架构、实现语言等方面各有千秋。根据控制器与数据平面的对应关系，通常可以将这些控制器分为集中式和分布式两种。集中式控制器可以避免多控制器带来的通信开销和兼容问题，从而关注控制器本身的性能和应用的创新。分布式控制器则具有更强大的输入/输出能力，能轻松应对大规模

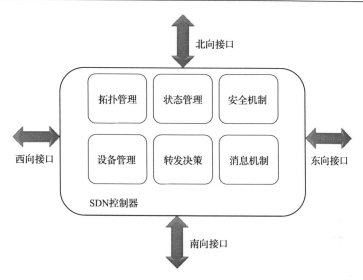

图 1.5　SDN 控制器结构以及基本模块

网络中的复杂应用。具体而言，集中式控制器意味着统一的全局网络视图和控制机制，对控制和管理数据平面有很大的灵活性与自主性。但是这种结构显然会导致单点故障，同时限制网络的扩展。第一款 SDN 集中式控制器NOX[31]只支持单线程操作，因此能完成的功能有限。随着计算机内核的发展，多核计算机促使目前的很多集中式控制器，如 Beacon[32]、Floodlight[33]等都可以通过多线程设计来实现网络中的并行计算，从而降低集中控制的劣势。尽管集中式控制器具有这些不足，但它们在某些特定网络环境中所具有的特性却有着明显的优势。例如，在数据中心或云中，集中式控制器带来的管理和成本优势是分布式控制器所无法比拟的。

　　当网络规模增加到一定程度时，集中式控制器很快就会达到性能瓶颈，从而导致网络性能直线下降。为了解决单控制器布局所固有的系统瓶颈和扩展性问题，最有效的办法就是在 SDN 的控制平面中引入分布式结构。分布式控制器部署能够较好地满足网络扩展对系统性能的需求，这种结构由一组物理分布的控制器组成。另外，为了同时保持 SDN 的集中式控制，需要在这些控制器上实现逻辑集中的控制，如 Onix[34]、HyperFlow[35]和 ONOS[36]都提出建立逻辑集中、物理分布的控制平面。这种结构既能提高控制平面的运算效率，又能够为上层应用提供统一的网络和资源视图。如何保持不同控制器之间的一致性状态是这种逻辑集中、物理分布设计的关键问题之一，这就意味着只要有一个控制器的状态发生变化，其他控制器也需要相应地更新数据。

只有当所有控制器保持统一的网络状态时，才能形成正确的逻辑集中视图，从而进行正确的决策。目前，提供这种一致性模型的控制器有 Onix、ONOS 等。然而，为了保证控制器状态的一致性，通常会在一定程度上降低整个系统的性能。

　　SDN 控制器作为未来网络架构的核心组件，已经出现了众多具有发展前景的产品，如 Floodlight[33]和 OpenDaylight[37]。SDN 的部署尚处于摸索阶段，因此，开源控制器相对于商用控制器更受欢迎。本书对部分具有代表性的 SDN 控制器进行了整理，如表 1.5 所示。可以看到，SDN 控制器的实现主要基于 Java、C、C++、Python 四种程序语言，并且已经具备了极其完善的功能。

表 1.5　SDN 控制器

控制器	语言	开发者	功能
Beacon[32]	Java	斯坦福大学	支持跨平台、多线程，通过用户界面进行访问控制和部署
Floodlight[33]	Java	Big Switch	支持与其他 OpenFlow 设备协同工作，实现 SDN 环境
Helios[38]	C	NEC	基于 C 语言的可扩展控制器，为科学研究提供可编程界面
HyperFlow[35]	C++	独立开发	基于 NOX 的分布式控制方案，提出 OpenFlow 多控制器结构
IRIS[39]	Java	ETRI	基于 OpenFlow 递归网络抽象，支持电信级网络的水平扩展
Jaxon[40]	Java	独立开发	桥接 NOX 控制器与 Java 应用
Maestro[41]	Java	莱斯大学	标准多线程控制器，具有很好的平台适应性
Mc-Nettle[42]	C++	耶鲁大学	多核服务器，承担大型数据中心的负载流量
MUL[43]	C	SourceForge	轻量级、多线程架构的 OpenFlow 控制器
NodeFlow[44]	Javascript	Cisco	轻量级的 OpenFlow 控制器，用于 Node.js 开发
NOX[31]	Python, C++	Nicira	提供一套可编程网络系统解决方案，用于构建网络控制应用
ONOS[36]	Java	ON.Lab	面向服务提供商和企业骨干网的网络操作系统
Onix[34]	Python, C	Google 等	面向大规模网络的分布式 SDN 部署方案
OpenDaylight[37]	Java	开源社区	具有模块化、灵活部署的特性，支持网络任务的快速执行
POF[29]	Java	华为	提供图形化管理界面，支持无感知转发协议和数据包格式
POX[45]	Python	斯坦福大学	支持使用特定模块处理交换机上传的协议报文
RYU[46]	Python	NTT	支持 OpenFlow v1.3 协议，可以部署在 OpenStack 平台上
Trema[47]	Ruby,C	NEC	基于 Ruby 和 C 的 OpenFlow 控制器框架

　　2) 虚拟化平台

　　虚拟化平台本质上也可以看作一种虚拟化技术，它支持在多个虚拟机之间共享底层的物理资源。另外，通过一些管理程序，网络运营商可以根据网络的实际情况进行虚拟机或者虚拟网络功能的创建、更新、迁移或者删除操作。这种动态支持的特性除了将软件从硬件中分离之外，也给网络管理和服务供给带来了便捷。虚拟化平台的存在极大地提高了物理资源的利用率，降低了网络的运维成本。另外，虚拟化平台支持对物理网络划分逻辑区域，不同的逻辑区域之间允许存在相同的物理设备(一般位于区域边缘)。这种划分支持多个控制器对同一个数据平面进行管理和控制，从而进一步完善 SDN 控制平面与数据平面之间的关系。

目前，针对 SDN 架构，已经出现了很多主流的虚拟化平台，主要包括 FlowVisor[48]、OpenVirteX[49]、MidoNet[50]、RouteFlow[51]、FlowN[52]、NSX[53]、SDN VE[54]等。这些虚拟化平台解决方案已经在相关应用场景中进行了部署、测试和验证。以 FlowVisor 为例，图 1.6 给出了基于 SDN 的 FlowVisor 划分区域的简单示例。FlowVisor 是基于 OpenFlow 协议的虚拟平台，它将底层物理网络分割为多个逻辑网络(类似于虚拟局域网(virtual local area network, VLAN))，分别由不同的控制器进行控制，且不同逻辑区域之间允许有相同的交换机存在。FlowVisor 在 2009 年第一次被应用到斯坦福大学校园网络中。到目前，FlowVisor 已经成功应用在大型的研究网络环境中，如 GENI[55]。

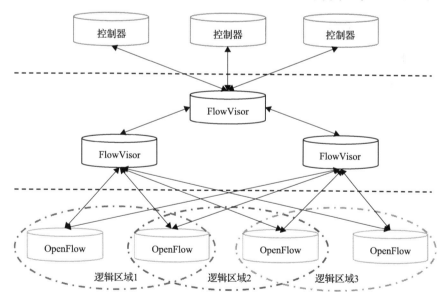

图 1.6　基于 SDN 的 FlowVisor 划分区域的简单示例

不同的虚拟化平台有着不同的应用场景以及特性，对 SDN 架构的发展与完善起着重要的作用。与 FlowVisor 类似，OpenVirteX[49]也位于物理设备和控制器之间，主要用于创建和管理虚拟 SDN 以及实现虚拟的多租户网络。二者的区别在于对数据包头的处理粒度不一致。通常，FlowVisor 会使用某些特定信息(如端口、IP 等)将网络资源进行合理分配，以达到限定当前切片内数据流量类型的目的。而 OpenVirteX 提供一个完整的虚拟网络，从而支持更加广泛的流量类型。RouteFlow[51]是一款开源虚拟化平台，通过对物理网络进行虚拟化，从而提供一个平台用于运行传统的 IP 路由工程。FlowN[52]是一款轻量级的虚拟化平台，其构想是解决云平台中的多租户和可扩展性问题，实现单一控制器对多区域的共同管理。相对这些集中式的虚拟化平台，MidoNet[50]和 NSX[53]实现的是基于分布式结构的虚拟化解决方案。MidoNet 主要用于构建默认的云编排网络系统，但同时也可以为云平台(如 OpenStack)提供虚拟化的网络解决方案，特别是网络基础设施解决方案。NSX 将网络操作从底层硬件抽象到一个分布式的虚拟层，支持为云平台提供完整的 2～5 层网络虚拟化服务。除了 NSX 之外，商用的企业级虚拟平台还有 IBM 的 SDN VE[54]。它以传统物理网络为基础，通过引入控制与转发解耦组件来实现软件定义的环境。然而，SDN VE 并没有改变网络的基础结构，因此是一种分布式的叠加型虚拟化网络平台。

4. 北向接口

北向接口是控制器向应用平面开放的可编程接口。通过这个接口，网络管理员可以很容易地获取当前网络的状态和资源信息，便于进行统一的管理与调度操作。因此，北向接口设计的合理性和开放程度将直接影响 SDN 应用的开发速度和效率。与南向接口一样，北向接口也是 SDN 生态环境中重要的抽象层，全部由软件实现。OpenFlow 是目前公认的南向接口标准，而北向接口的现状是各大运营商各自为政，并没有一个统一的标准，主要原因为互联网中业务的多样性。无论怎样，北向接口都必须足够开放，从而加速网络应用的开发和创新。

目前，众多的北向接口中，RestAPI[56]是用户比较容易接受的一种。它将整个网络看作一个资源池，所有资源都由统一资源标识符(uniform resource identifier, URI)表示，用户通过 URI 来获取对应的资源。此外，RestAPI 还提供了一系列简单的 HTML 交互指令，如获取(GET)、更新(POST)、增加(PUT)、删除(DELETE)等。RestAPI 使用简单，但也存在一些问题，如 RestAPI 所能提供的操作极其有限。为了对外提供更加丰富和完善的北向接口，许多控制器(如 Floodlight[33]、Trema[47]、OpenDaylight[37])开始根据各自控制器的特点有针对性地设计北向接口。以 OpenDaylight 为例,它提供了开放服务网关协议框架和双向 RestAPI 两种北向接口形式,对外开放了网络虚拟化、服务编排与管理等功能。其中,开放服务网关协议框架主要用来开发与控制处于同一地址空间的 Java 应用程序,这些应用程序可以作为控制器所能提供服务的一部分。双向 RestAPI 则为远程 Web 应用的开发提供了完善的接口描述、参数、响应设置和状态编码等信息。基于这些北向接口,网络业务应用可以充分利用控制器的调度能力,通过具体的算法来驱动控制器对全网资源进行编排。

尽管不同的北向接口所使用的编程语言、规范不一,它们的出现仍旧为上层应用开发带来了巨大的便利,使得用户可以灵活调配网络资源,从而促进网络的发展与创新。这种趋势给传统的设备制造业带来了巨大压力。为了应对这种开源的竞争与压力,许多传统厂商也相继推出了具有可编程能力的设备(如 OnePK[57]),从一定程度上提高设备的灵活性。这也可以看作北向接口的一种形式。这类接口的优势在于能够在现有网络设备上直接部署,应用较为快捷,但它仍旧是一个封闭的方案,在实际应用时也受到设备厂商的较大约束。其他北向接口(如 SFNet[58])通过将应用平面的需求转换为低级的服务请求指令,以供控制平面识别,从而实现相应的网络操作,如预留带宽等。另一种北向接口[59]通过使用文件系统来实现应用平面、控制平面和数据平面的交互。事实上,不同的应用对网络的需求侧重点是不一样的,不太可能会出现某一种北向接口能够完全取代其他北向接口的情况。因此,这种多样化的北向接口现状可能会持续很长时间。

5. 应用平面

在 SDN 架构中,应用平面位于控制平面之上,它通过控制器所提供的北向接口来实现各类网络应用,也能根据用户需求提供定义化的应用服务。通常来说,应用平面提供抽象的控制逻辑,控制平面负责将这些控制逻辑转换为数据平面可以识别的命令,从而起到对网络的管控作用。理论上,SDN 可以部署到任何传统的网络中,如园区网、企业网、数据中心网络等。于是,不同的网络环境促成了不同的 SDN 应用。与传统的网络应用相比,SDN 应用将具有更强的智能性、动态性和可编程性。SDN 应用可以与控制器交互,根据网络业务的需求,及时、动态地调整网络的状态。

1)流量工程

传统网络中的流量工程(traffic engineering, TE)技术主要通过动态分析、预测和调整网络数据的传输模式来优化网络性能。SDN 的出现从各方面对传统的 TE 技术提出了挑战。以负载均衡问题为例，传统网络的分布式结构使得要达到一种均衡的网络状态往往需要一段冗长的收敛过程。SDN 的集中控制能有效地解决收敛问题，但如何合理地利用 SDN 的特性来解决负载均衡问题则需要深入考虑。例如，同样是基于 SDN 的集中视图来实现负载均衡，Plug-n-Serve[60]和 AsterX[61]旨在最小化网络的平均响应时间、ECMP[62]和 Hedera[63]旨在最大化网络吞吐量，而 DevoFlow[64]的目标则在于最小化控制器和交换机的交互次数。

　　TE 的另一个重要标准是服务质量（quality of service, QoS）。目前针对 SDN 的 QoS 应用主要有 OpenQoS[65]、FlowQoS[66]、PolicyCop[67]、QoS for SDN[68]、QoS Framework[69]、QNOX[70]、QoSFlow[71]等。这些 QoS 应用分别从框架、模型、业务需求、流表规则、调度策略等方面对 SDN 下的 QoS 进行了研究，并提出了解决方案。SDN 其他方面的 TE 应用也有很多，如流量控制与处理[2]、视频流感知[72]、网络利用率优化[73]等。

　　2）网络管理和配置

　　SDN 的出现简化了网络的管理和配置，管理人员不必接触复杂的网络协议，通过对抽象视图进行操作，由管理程序将命令自动下发到交换机中。例如，Ethane[74]使用网络规则来替代一系列复杂的配置文件，通过控制器统一下发这些规则，从而免去了对每个交换机进行配置的繁杂工作。文献[75]开发了多个网络管理应用，并为这些应用设计了统一的 Web 接口。用户可以通过接口灵活地调用上层应用对网络进行管理。其他基于 SDN 的管理应用还包括 OpenRadio[76]、SoftRAN[77]、OpenSDWN[78]等，它们都对外提供了可编程的接口，从而实现对网络的灵活、动态管理。具体而言，OpenRadio[76]通过在硬件和无线协议之间定义软件抽象层，从而实现软硬件的解耦。抽象层的存在屏蔽了底层的异构特性，支持不同协议共享 MAC 层，从而简化了应用平面的管理工作。SoftRAN[77]的目标在于支持运营商对网络进行细粒度的管理控制和资源分配。Odin[78]对现有的物理资源进行逻辑隔离，支持在这种隔离环境中实施各种操作，如根据用户的移动自动切换网络接入点。

　　3）数据监测和统计

　　通过实时统计与分析网络监测数据，SDN 可以及时了解网络中的突发情况，从而采取应对策略，保证网络性能。然而，大部分专门的 SDN 应用在收集统计数据时会造成很大的开销。例如，sFlow[79]和 JFlow[80]是两种基于时间的数据流采样技术，但它们都需要频繁向控制器请求数据，因此通信开销较大。为了减少或者避免此类开销，很多运营商倾向于在 SDN 中采用传统网络中的一些监测工具。以 NetFlow[81]为例，它在交换机上安装类似探针的模块，这些模块会主动收集网络信息并一起发送给中央控制器，从而减少控制器与交换机的交互次数。但这种由交换机发起的通信方式有损实时性，通常会导致用户体验降低。PayLess[82]和 OpenTM[83]则基于控制器轮询策略来实现网络信息的监测。区别在于 PayLess 基于多种 Rest API 实现了一套 SDN 信息查询与监测框架，而 OpenTM 主要关注当前网络中活跃的流路由信息。

在许多实际情况中，数据监测和统计往往对实时性有很高的要求，同时也要确保监测行为不会造成网络整体性能的降低，这些要求在 SDN 中更为严格。于是，以高实时性为目标的研究工作不断出现，如 OpenSample[84]和 OpenSketch[85]。OpenSample 通过分析包头部信息和预计算，快速生成网络状态快照提供给应用。OpenSketch 支持同时执行多项测量任务，而不损失精度。

4) 安全

无论在传统网络中，还是在 SDN 中，安全问题都是永恒的主题。针对 SDN 中特定的安全问题，如身份认证机制、网络规则冲突等，研究人员已经提出了很多解决方案。大部分的解决方案借助 SDN 架构本身的优势(集中控制、网络可编程)来提高系统和网络的安全服务等级。因此，现有的 SDN 中依然存在很多安全问题有待进一步研究和解决[86,87]，如未授权访问、恶意应用、服务拒绝攻击等安全问题。

首先，集中控制是 SDN 的主要特点之一。无论物理集中还是逻辑集中，上层应用程序对底层的网络都有一定的访问控制权限。如果攻击者冒充上层应用，便能够通过控制器访问网络资源，从而实施一些攻击操作。因此，完善的访问控制机制是保证 SDN 应用安全的前提[88]。例如，PermOF[89]和 AuthFlow[90]通过最小化应用程序的权限，同时为不同的网络资源划分访问权限等级，从而保证应用程序在完成其工作的同时，尽可能地降低风险。在 PermOF 的基础上，文献[91]进一步增加了未授权操作跟踪日志，用于分析和判断来自应用层的恶意行为。其次，SDN 支持对第三方应用进行集成。然而，一旦出现恶意的应用程序，其造成的危害不亚于 SDN 控制器被破解所带来的影响。因此，为了防止恶意应用程序对网络造成危害，需要在控制器和应用程序之间建立应用认证和信任机制。针对这种情况，FortNOX[92]提出了基于应用认证的权限管理机制，它通过具体的认证过程过滤掉恶意的应用。另外，SDN 集中式的控制结构导致控制器成为网络瓶颈和攻击的重点。相较于传统分布式网络，这种攻击对 SDN 造成的影响更为严重。通过伪造交换机的请求，只需不断发送给控制器，就能导致控制器无法处理正常的请求，从而影响网络性能。目前的解决方案包括数据请求地址验证[93]、频繁更换控制器地址[94,95]等。然而，这些方案均为前缀式，即在攻击发生之前就进行拦截，目前并没有特别有效的反应式解决方案。

1.2.3　SDN 用例分析

SDN 作为目前研究最热的方向之一，其相关产品从交换机、控制器到完整的 SDN 解决方案层出不穷。为了加深对 SDN 的了解，本节分别以华为的敏捷网络和谷歌的 B4 网络为例，介绍相对完整的 SDN 解决方案。

1. 华为敏捷网络

敏捷网络(agile network)是华为向企业推出的下一代网络解决方案[96]。它采用 SDN 的集中式架构，在解耦控制与转发的同时，实现网络全面可编程。华为敏捷网络的部署主要采用自主研发的敏捷控制器和交换机，目标在于快速灵活地服务网络业务。为了满足新兴业务的诉求(如社交媒体、物联网、大数据等)，华为敏捷网络划分为四部分：敏捷园区网络、敏捷数据中心、敏捷广域网和敏捷分支网络。其中，敏捷园区网络比较成熟且已投入部署。

针对传统园区网络结构复杂、资源利用率低下导致的很多时候关键业务得不到保证的问题，华为提出对传统的园区网络架构进行整体优化和改造的方案，从而构成现在的敏捷园区网络。其中主要的改进包括：①将 SDN 的思想引入园区网络结构中，实现整个园区网络的集中式控制，换言之，通过在园区重要位置部署敏捷控制器(agile controller)来实现对网络的全局控制；②通过集中式控制，管理人员可以掌握园区内的所有资源、路由等信息，从而能够根据用户的移动行为来动态分配网络资源，保证自由移动环境下每个用户的体验质量；③除了动态调度园区网络中的资源外，敏捷控制器也能够创建、更新、适配园区网络中各部分的安全策略，从而保证网络的整体安全性；④将园区网络中的传统交换机替换为华为自主研发的敏捷交换机，既能支持对业务流随时随地逐点检查，又能实现多业务的虚拟化，从而提高业务的管理精度和执行能力，适用于企业园区网、校园网和视频会议等多种场景。

2. 谷歌 B4 网络

谷歌(Google)的 B4[97]网络是 SDN 在广域网(wide area network, WAN)中成功部署的典型例子。基于 SDN 的集中管理、控制与转发分离的思想，B4

网络成功地简化了数据中心之间的流量管理、路径规划等复杂问题。通过在每个数据中心站点部署多台交换机，从而确保网络具有一定的容错与扩展能力。另外，在实际部署中，B4 网络使用多台控制器，从而避免网络出现单点故障问题。这也就意味着，谷歌的 B4 网络已经从完全分布式的整体控制和数据层硬件架构转变为物理上分布式但逻辑上集中式的控制层架构。尽管如此，B4 网络的成功并非一蹴而就，其部署过程总共经历了三个阶段。第一个阶段在 IP 网络的基础上实现了网络控制和数据转发的分离，经测试发现带宽利用率提高了近 50%[97]。于是，第二个阶段开始建立集中式的流量工程模型，开始真正意义上向 SDN 架构进行转变。在基本验证了 SDN 架构为数据中心广域网带来的优势之后，谷歌开始对其骨干网进行全面转型。考虑到广域网的主要工作在于流量的处理，于是，第三阶段的工作在于将流量工程模块独立出来，并基于 OpenFlow 协议优化网络流量和规划全局路由。

B4 网络的成功并非巧合，究其原因，主要在于：①集中控制所提供的全局视图模式能够简化网络的配置和管理，提高网络行为预测的准确率；②能够从单一节点的故障问题中快速恢复；③集中式的流量工程提高了网络资源的利用率和吞吐率；④控制平面和数据平面在功能上的分离能够保证控制平面的软件升级或者协议更新过程并不会影响到数据平面的数据传输过程等。

1.2.4　SDN 面临的挑战

SDN 的出现对于很多企业而言都是一次重大的机遇。相对于大型企业，SDN 可能更受到一些小型创业公司的青睐。因为大型的传统网络厂商虽然希望能够在这场 SDN 革命中获利，但是又不愿意放弃传统网络去部署形式尚不明朗的 SDN。对 SDN 的普及率进行调研发现 SDN 的部署其实并不多。究其原因，主要有两个：一是技术的制约导致向 SDN 的平滑过渡极具挑战；二是传统网络模式根深蒂固，SDN 带来的颠覆性理念对很多保守企业造成的冲击是无法估量的。

1. 技术挑战

1) 可扩展性

任何一个系统，当其规模扩大到一定程度时都会出现扩展性的问题。对于以集中式控制著称的 SDN，如何解决这种可扩展性问题尤为重要。首先，控制和转发的解耦导致控制器需要与底层设备进行通信。这种通信量随着网络规模的扩展呈指数增长。当通信量达到某一阈值时，集中式控制器便成了整个网络的瓶颈，导致网络性能急剧下降。因此，大部分的运营商更倾向于采用逻辑集中、物理分布的 SDN 架构（如 Onix[34]和 OpenDaylight[37]），以获得更好的扩展性和鲁棒性。OpenFlow 交换机中 TCAM 存储着流匹配的规则，其容量同样也限制了 SDN 的扩展性。通常来说，TCAM 能够快速、有效地完成数据包的匹配。但它的成本较高，而且容量有限，通常为 512KB（能存储4000~32000 条流表项）[3]。目前 TCAM 最多可以容纳 500000 条流表项，并且每秒执行 1330000000 次查询[98]。但是这种芯片不仅昂贵，能耗也特别大。考虑到单表结构很容易导致流表规则的爆炸式增长，OpenFlow 引入多表的概念，从一定程度上解决了扩展性的问题。但是，如何从硬件上支持多表结构，仍然面临着挑战。

2）可靠性

在传统的分布式网络中，某个网络设备发生故障不会导致整个网络的瘫痪。然而，在 SDN 中，一旦控制器发生故障，轻则导致 OpenFlow 交换机大规模地丢弃无法匹配的数据包，重则导致整个网络无法正常运转。于是，如何解决单控制器 SDN 中的可靠性问题显得尤为重要。尽管可以通过使用分布式控制器来取代单一的集中式控制器，如何保证分布式控制器之间的状态一致又是另外一项严峻的挑战。目前，控制平面多采用逻辑集中、物理分布的结构。这种结构既具有一定的可靠性，又延续了 SDN 集中控制的策略。

交换机与控制器之间的通信时延也是衡量系统可靠性的重要标准之一。首先，对于无法匹配的数据包，控制器需要为其计算路径并下发规则到交换机中。如果耗时过长，如超出该数据包的生命周期，可能会导致数据包被丢弃，这种情况下的网络是不可靠的。另外，对于故障链路（或者节点），如果影响到网络中的业务，SDN 控制器则需要为这些影响的业务重新规划路径。然而，由于控制器通常需要与大量的交换机通信，如果不采取一定的负载均衡或者调度策略，SDN 中故障链路的恢复速度通常很难让人满意[99]。上述情况在控制器过载时更为严重。

3）兼容性

SDN 中的兼容性问题目前包括两方面：一是对不同 OpenFlow 协议的支持；二是对底层异构设备的支持。OpenFlow 协议已经发展到了 OpenFlow v1.5 版本，各个版本被支持的程度不一。目前应用最广泛的版本仍然是 OpenFlow v1.0 版本。从功能上看，当前市场中的交换机主要有三类：传统交换机、OpenFlow 交换机和混合式交换机（既支持 OpenFlow 协议,也支持传统网络协议）。对于后面两种支持 OpenFlow 协议的交换机，它们可能来自不同的设备厂商，使用不同版本的 OpenFlow（如 v1.0 版本或者 v1.1 版本）协议。因此，如何解决 OpenFlow 不同版本之间的兼容性对于控制平面与数据平面的协同工作十分重要。另外，SDN 中的控制平面已经被多家控制器厂商所占领，这些控制器之间并没有比较完善的通信协调接口，如何协调不同的控制器同步工作对于 SDN 而言也是一项挑战。

2. 非技术挑战

SDN 白皮书[4]中提到："SDN 将在 2015 年开始规模化的商用部署，从 2016 年到 2020 年开始推广广泛商用"。如今，SDN 依然是研究的热点，出现了不少基础设施产品和整体解决方案，但 SDN 的商用部署仅仅限于小规模环境中（如园区网络、数据中心），互联网中其他部分的运转仍然基于传统网络架构。从某种意义上讲，这些非技术因素正是 SDN 所面临的最大挑战。

在当前阶段，从设备商到运营商，从科研机构到企业，各方都在谈论 SDN。但是，除了 SDN 的三个基本特征（控制转发分离、集中控制、可编程）之外，人们对 SDN 的认识就像是"盲人摸象"，都只是从自身的角度看到了某一方面。另外，这种颠覆性的技术还处于初级阶段，业内尚无统一的标准。基于这种现状，各大组织都希望自己主导的标准能够成为通用标准，在产业链上占据主导地位，于是新的 SDN 标准在一段时间内不断涌现出来，并且 SDN 所带来的低成本、高效率、多业务等优势不断驱动着各大设备商开发出支持不同标准的硬件设备。SDN 产业链涉及多个环节，每个环节会根据不同厂家的自身利益考虑而有所不同。采用什么技术实现 SDN 在业界自然也没有达成共识。例如，控制器方面有 OpenDaylight[37]、ONOS[36]、Floodlight[33]、Beacon[100]等。虽然它们都是开源项目并且以提供 SDN 控制器平台为核心，但具体到实现层面时，不同控制器又会有各自的侧重点和技术主张。基于这些开源SDN 控制器架构，各大设备厂商可以在具体实现阶段根据自身特点增加对应的私有内容，从而形成自己的一套解决方案。于是，这样的现状就导致出现了各种异构的 SDN 控制器。除了控制器之外，目前南向接口所支持的协议类型仍然有限，北向接口也没有公认的标准，不同设备制造商的硬件设备之间的通信接口也尚未完全解决，如何解决这些问题是 SDN 走向成熟的必经之路。

此外，传统网络中层次和地域的划分特别明显，各层各域的管理和功能相互独立，互不干扰。即使在同一个运营商内部，不同的部门也各成体系。而 SDN 强调实现不同层、域的集中化控制和统一的管理。通过淡化层次、区域的概念，逐渐实现网络配置、资源分配、业务管理的一体化。随着网络技术的进步，这两种截然不同的思想必然会产生冲突。如果打破边界壁垒，业务会快速部署，网络会高效协同，但同样要考虑到这种革新所伴随的风险以及成本等不良因素。回顾以前，传统网络的发展与变化主要集中在技术层面。这种变化对网络运营模式、体制等方面的冲击并不大。SDN 为运营商网络的转型带来了革命性的机会，这种机会不仅仅是网络技术的革新，连同电信运营商的运营模式、标准、组织甚至内部体制都会受到冲击。面对 SDN 如此深远的影响和挑战，传统运营商考虑更多的还是风险问题，再加上 SDN 成功部署的案例不多，大部分企业承担不起失败的成本。因此，如果不能有效地解决这种非技术方面的问题，SDN 的发展将受到极大的阻碍。

1.3　NFV 概述

2012 年 10 月，世界上最大的大约 20 个电信服务提供商在欧洲电信标准组织(European Telecommunication Standards Institute, ETSI)共同成立了一个NFV 行业规范组织(NFV Industry Specification Group, NFV ISG)，旨在加速NFV 的标准化过程。基于 NFV ISG 制定的框架，世界范围内的研究人员可以参与进来共同完成相关的标准化工作，促进 NFV 生态系统的建设。发展到现在，NFV ISG 已经拥有超过 800 个组织成员，来自 5 个大洲的 64 个国家。制定 NFV 标准的目的在于解决传统电信网络中运营和维护的重重困难，降低高额的专用设备管理和投资成本，加速网络服务的创新过程。

1.3.1　NFV 特征

目前，互联网中的中间盒子数量越来越多。这些中间盒子在投入使用之前，需要被集成到专用硬件中。该过程不但复杂，而且耗时长、需要付出较高的人工成本。此外，中间盒子的存在也导致网络变得越来越僵化。NFV 的出现能有效地减轻甚至消除这些由中间盒子所造成的网络难题。究其原因，主要有以下几个方面：

(1)网络功能与专用硬件解耦。针对传统网络中专用硬件与网络功能耦合的现状，NFV 提出将这种网络功能特性与底层硬件解耦。然后，通过软件形式来实现解耦之后的网络功能。这种软件形式的网络功能也称为虚拟化网络功能。和基于专用硬件的网络功能相比较，虚拟化网络功能的初始化、更新、安装和部署更加灵活和方便。鉴于软件和硬件的区别，虚拟化网络功能具有更低的成本。

(2)硬件通用化。在 NFV 中，由于虚拟化网络功能的出现，专用硬件平台已经不再适用。相应地，NFV 提出使用通用化硬件来取代这些专用硬件。一方面，虚拟化网络功能的本质还是软件，因此可以较好地安装和运行于通用化硬件平台上。另一方面，通用化硬件的成本更低，而且不会导致网络异构的情况。

(3)软件模块化。在 NFV 中，软件定义的虚拟化网络功能在 NFV 中被设计为一个一个的网络组件。基于模块化的性质，这些虚拟化网络功能既能独立提供某种特定功能，又能被打包到一起，共同实现软件框架的部署。这种设计机制很容易就能够满足网络中的一些扩展性需求。

基于以上这些特征(图 1.7)，传统网络向 NFV 转变能够获得许多优势，主要包括：

(1)降低投资成本和运营成本。首先，底层昂贵的专用硬件被相对便宜的通用硬件所取代，网络的投资成本下降了。由于通用硬件平台支持按需购买的模式，避免了资源的过度供给，进一步降低投资成本。其次，通用硬件平台的运营和维护成本相对专用硬件平台要低，而且能简化网络服务的推出和管理。

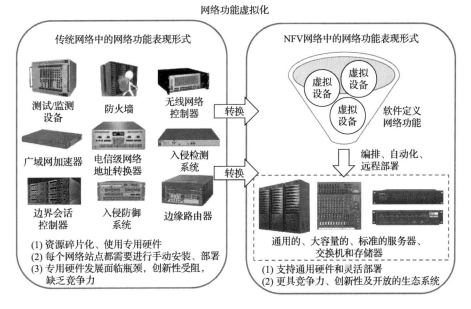

图 1.7 传统网络设备和虚拟化网络功能

（2）缩短服务周转时间。通过动态、灵活的虚拟化网络功能组装机制，NFV 能够快速、有效地装配出满足市场需求的新服务类型，从而缩短获得回报的周期。另外，这种服务组装模式也为供应商提供了试用和改进的机会，从而确定让用户满意的最佳方案，最小化风险。

（3）增强服务供给与交付的灵活性。网络功能在 NFV 中以软件的形式运行在通用硬件上。这种模式能够有效地支持对网络中已经存在的服务进行动态扩展，如增加或者减少网络功能，从而提高服务供给与交付的灵活性。

1.3.2　NFV 架构

图 1.8 给出了 NFV 的标准架构，它由三部分组成，分别为 NFV 基础设施（NFV infrastructure, NFVI[101]）模块、虚拟化网络功能（VNF[7]）模块、管理与编排（management and orchestration, MANO[8]）系统模块。这三个模块在 NFV 生态系统中都扮演着重要的角色。

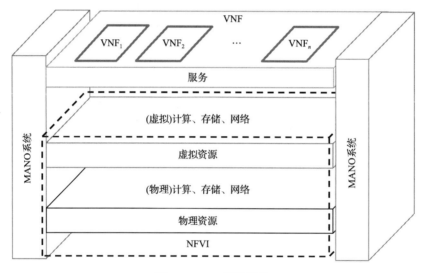

图 1.8　NFV 标准架构

1. NFV 基础设施模块

NFVI 为整个 NFV 生态系统提供了一个由虚拟资源和物理资源所构成的基础网络环境。其中，物理资源（如计算、存储、网络）主要由标准的商用硬件提供，而虚拟资源则是对物理资源的抽象。由图 1.9 可知，这种物理资源虚拟化的过程通常由虚拟化平台（如 FlowVisor、FlowN）实现。

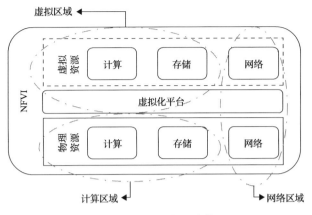

图 1.9　NFVI 内部结构

　　根据网络自身的复杂度以及在地域上的分布情况，不同企业的 NFVI 平台之间差别很大。除此之外，网络资源也是 NFVI 中重要的一部分，它包括位于不同物理位置的设备之间的网络连接(如数据中心之间)。然而，网络中的其他一些业务(如文件目录、外部测试和监控等)逐渐加入 NFVI 中，这将导致 NFV 系统的稳定和性能会对这些业务产生依赖，从而使这些业务逐渐成为 NFVI 建设过程中关键的一环。对于 VNF 而言，虚拟化平台和硬件资源属于同一实体，它们共同提供了 VNF 初始化、运行和部署所需要的虚拟环境。另外，从抽象结构上看，虚拟化平台位于硬件之上，旨在对硬件(物理)资源(计算、存储和网络)进行抽象，包括资源划分与整合，再将资源合理地分配给 VNF。虚拟化平台和虚拟资源将 VNF 与底层硬件解耦，从而使得 VNF 的初始化及部署不必考虑底层可能存在的异构硬件环境。

　　结合 NFV 的特点，ETSI 对 NFVI 进行了更加精确的划分，如图 1.9 所示，主要包括三个区域：计算区域[102]、虚拟区域[103]和网络区域[104]。其中，计算区域一般由 COTS 硬件组成，主要为 NFV 系统提供基础的计算和存储能力。在计算区域中，负责提供计算能力的组件称为计算节点。每个计算节点都是一个独立的结构实体，通过内部指令集对其进行独立管理。不同计算节点以及网元设备之间通过网络接口进行通信。因此，一个计算节点通常由中央处理器(central processing unit, CPU)、芯片组(指令集处理部件)、存储系统、网卡、硬件加速器和内存等组成。虚拟区域包括虚拟化平台以及虚拟的计算和存储资源。通常，虚拟化平台所提供的环境必须和硬件设备所提供的环境保持一致。这也就意味着虚拟化平台所提供的虚拟环境必须能够支持相同的操作系统和工具包，从而为软件设备的可移植性提供充分的硬件抽象。另外，虚拟化平台还负责虚拟资源的分配，从而实现虚拟网络功能或者虚拟机的初始化。尽管如此，虚拟化平台并不会自动提供虚拟服务。它提供给 NFV 管理编排系统一个接口，通过这个接口，NFV 可以实现虚拟网络功能或者虚拟机的创建、监测、管理和释放。网络区域本质上由物理网络、虚拟网络和管理功能模块组成。物理网络负责业务数据的转发，而虚拟网络则负责业务逻辑的实现。通过使用一些技术(如地址空间划分或隧道技术)，不同的虚拟网络可以共享同样的物理网络而不发生冲突，从而实现网络虚拟化的效果。区域的划分突出了 NFV 模块化的设计，并且，这三个区域不论在功能上还是在实践层面上都存在很大的差异。

ETSI 并没有明确规定 NFVI 的具体解决方案，因此，一般的项目都基于现有的虚拟化平台来实现对底层硬件资源的抽象及虚拟资源的分配。除此之外，企业也可以利用非虚拟化服务器的操作系统来提供虚拟化层，或者通过结合实时 Linux 操作系统、vSwitch[14]等技术，实现 NFV 的最终目标，即在标准商用硬件资源上运行网络。

2. 虚拟化网络功能模块

通常，一些基础的物理网络功能都应该具有定义完善的外部接口以及对应的行为模式，如边界网关、防火墙等。如果将这些网络功能看作部署在物理网络中的功能块，那么 VNF 就是网络功能在虚拟环境中的实现。在 NFV 中，虚拟化网络功能以软件的形式实现，能根据需要随时进行初始化、安装和部署，主要用于提供原本由专用硬件所提供的网络功能。

图 1.10 给出了虚拟化网络功能模块的基本结构。首先，它由多个 VNF 组成，并且每个 VNF 又能进一步划分为更加小规模的组件。因此，一方面，VNF 的实例化实际上是通过对隶属于它的组件进行实例化来完成的。另一方面，可以对不同的 VNF 进行组装和连接，从而达到快速装配出符合用户或者企业需求的服务功能链的目的。其次，每个 VNF 均由独立的网元管理器进行管理。因此，根据企业所采用的网络架构，既可以将服务功能链部署在单个节点上，也可以跨越多个节点实现服务功能链的协同部署。对于这两种部署方式，VNF 的网元管理器都起着重要的作用。除了负责 VNF 的配置和安全之外，网元管理器还需要监测 VNF 的所有状态。通常来说，从 VNF 创建到终止，其间最多有 5 种状态的变化，主要包括：①等待初始化；②已初始化等待服务配置；③已服务配置等待激活；④已激活提供服务；⑤终止。这 5 种状态显示出了 VNF 从实例化到终止的一整套常规状态转移过程。

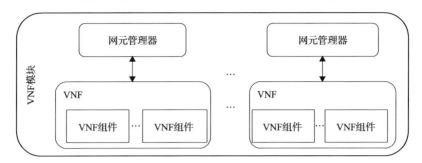

图 1.10 虚拟化网络功能模块结构

前面介绍过，VNF 主要运行于虚拟化环境中，如虚拟机(virtual machine, VM)。然而，在某些情况下，VNF 也可以运行在物理服务器上，由物理服务器的监控管理程序进行管理。需要注意的是，不论运行在物理环境还是 VM 中，VNF 对外提供的服务必须保持一致。

3. 管理与编排系统模块

在传统网络中，网络功能的实现通常和专用硬件紧密地耦合在一起。NFV 利用虚拟化技术打破了这种耦合，将网络功能与专用硬件分离，从而提出了一系列新的概念，如 VNF。因此，有必要对这些新出现的概念进行统一的规划和管理。

NFV 的 MANO 系统主要负责对 NFV 框架中所有特定虚拟化的内容和过程进行管理，包括基础设施的虚拟化、软硬件资源的编排、VNF 和业务的生命周期管理等。为了实现更加细粒度的管理，ETSI 将 MANO 系统进一步划分为三部分，分别为 NFV 编排(NFV orchestrate, NFVO)系统、VNF 管理(VNF manage, VNFM)系统和虚拟基础设施管理(virtualized infrastructure manage, VIM)系统[8]，如图 1.11 所示。

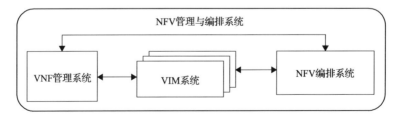

图 1.11 MANO 系统结构

其中，NFV 编排系统负责对 NFVI 中的软硬件资源进行管理和编排，从而实现网络服务的部署与供给。这种管理和编排能力既可以根据业务的需求,动态地调整分配给各 VNF 的资源,也能实现 VNF 的自动化迁移。VNF 管理系统主要负责 VNF 的生命周期管理,包括实例化、更新、查询、扩展和终止。通常来说,一个 VNF 管理系统可以管理一个或者多个 VNF。因此,运营商可以根据成本和需要来决定网络中 VNF 管理系统的数量。VIM 系统并非独立的模块,它通常是虚拟层的一部分,用于控制和管理 VNF 与虚拟资源之间的交互。目前,企业主要沿用现有的虚拟化平台来实现 VIM 系统的相关功能。因此,从虚拟化平台的角度看,VIM 系统为底层基础设施和资源提供了可视化操作与管理,如 VNF 管理系统可用资源清单、物理和虚拟资源使用效率等。然而,考虑到 NFV 与传统网络共存的必然性,MANO 系统还需要提供对传统运营支撑系统(operation support system, OSS)的支持。OSS 将传统 IP 数据业务与移动增值业务相融合,是电信运营商一体化、信息资源共享的支持系统。然而,OSS 并不是 ETSI 关心的重点。ETSI 的准则是希望整合 NFV 与传统 OSS,从而达到改善传统 OSS 的目的。因此,形成了各大企业纷纷将 NFV 技术架构和企业本身的 OSS 进行集成的趋势。

1.3.3 NFV 用例分析

ETSI 在 NFV 第一阶段的工作中就列举了多种可能的 NFV 使用案例,其目的在于帮助 NFV ISG 制定更加完善的标准并促进相关产品的商业化过程。为了更好地帮助了解 NFV 的潜在应用,本节将对几种比较主流的 NFV 用例进行介绍。

1. NFVI 即服务

为了满足网络服务的性能(如时延、可靠性)需求,往往要求服务提供商在不同的虚拟环境中运行特定的 VNF 实例。在 NFV 中,这种虚拟化环境通常由 NFVI 提供。基于这一点,NFVI 本身就可以作为一种服务来使用。

然而,目前很少有服务提供商能够做到在全球范围内建立、部署并维护自己的基础网络设施。相反,消费者(企业或者个人)可能来自全世界的各个地区,从而形成了全球范围内的服务需求。这种服务需求与供给之间的反差使将 NFVI 作为一种服务成为可能。不同的服务提供商可以通过租用全球范围内的其他服务提供商的 NFVI 环境,并远程部署自己的 VNF 实例来满足该地区的服务需求。如图 1.12 所示,NFVI 服务提供商 SP1 可以租用 SP2 的 NFVI 用于部署特定的 VNF,从而为用户 U1 提供服务。这种模式对于 SP1 而言,只需按需支付相应费用即可获得包括用户服务质量的提高和自身 NFVI 的弹性保证等诸多效益。对于 SP2，除了需要对该用户进行识别之外，还必须提供一定的隔离机制，保证SP1的操作不会干扰到其他租户。NFVI即服务(NFVI as a service, NFVIaaS)的出现加速了 NFVI 在全球范围内的部署。需要注意的是，除了不同的服务提供商之间存在 NFVI 租用的情况，属于同一个服务提供商的不同部门之间也能够将 NFVI 作为一种服务。

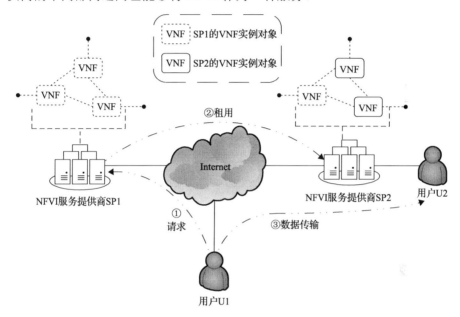

图 1.12　NFVI 即服务用例

2. VNF 转发图

VNF 转发图[105](VNF forwarding graph, VNF-FG)本质上也是一种网络功能转发图，它定义了数据包所通过的网络功能序列，这种序列即服务。与传统网络中各物理设备通过线缆互联的结构类似，VNF-FG 为虚拟网络功能之间提供虚拟连接。这种结构的优势在于可以将注意力集中在业务逻辑的设计上，同时 VNF-FG 也能够屏蔽掉底层物理网络的异构特性，从而实现更为复杂的、跨层、跨域的网络服务。相反，由于传统网络过于依赖底层硬件设备，当网络变得复杂或者需要接入其他网络时，将不得不添加额外的设备或者设计相应的可兼容接口来提供支持，而这些设备和接口在使用之前通常需要经过复杂的人工配置过程。因此，相较于基于硬件设备的物理网络功能转发图，

VNF-FG 的模式具有明显的优势。

图 1.13 展示了一个简单的 VNF-FG 用例。用户 U1 请求一条通往 U2 的服务功能链，由 VNF-A、VNF-B、VNF-E 和 VNF-G 组成。其中，VNF-A 和 VNF-B 由服务提供商 SP2 提供，VNF-E 由服务提供商 SP1 提供，而 VNF-G 由服务提供商 SP4 提供。值得注意的是，VNF 的引入将简单的服务供给变得多样化。通过选择不同的 VNF 组合可以向用户提供不同的服务，从而避免了人工部署的复杂度和高错误率。图 1.13 中的四个服务提供商可能分别位于不同的地理位置。用户可以根据自身的实际情况(如成本、地理位置)进行选择，既能选择由同一个 VNF 提供商提供服务，也能够选择由多个 VNF 提供商提供服务。这种结构既能提高用户选择的灵活性，又降低了运营商的成本。

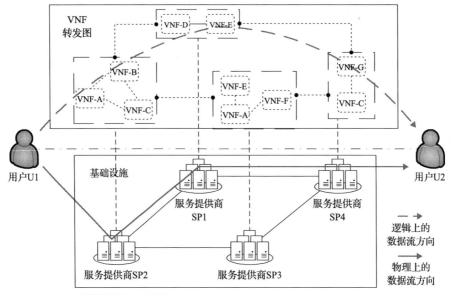

服务请求(VNF顺序)：U1→VNF-A→VNF-B→VNF-E→VNF-G→U2

图 1.13 VNF-FG 用例

3. 虚拟化移动核心网

目前的移动网络中充斥着大量的专用设备，导致整体的运营和维护成本较大，且难以管理。NFV 旨在采用标准的虚拟化技术将不同类型的设备整合成工业标准的大容量服务器、交换机、存储设备，从而降低网络复杂度和解决相关运营问题。因此，通过实现 NFV 架构，可以将移动核心网从固化的专用硬件环境中解耦出来，从而提升网络功能部署的灵活性，加速第三方网络应用的创新与实现。

以核心分组演进网 (evolved packet core, EPC)[106] 为例，它在带来众多优势的同时，也势必导致网络设备和流量的急速增长。EPC 主要由移动管理实体 (mobility management entity, MME)、服务网关 (serving gateway, SGW) 和公共数据网关 (public data network gateway, PGW) 等网络功能模块组成。将这些功能进行虚拟化，可以实现基于 NFV 的 EPC 部署方案，具体如图 1.14 所示。其中，MME、SGW/PGW 均以 VNF 的形式存在。相较于传统网络中的基于硬件的网络功能，VNF 支持根据不同需求进行独立扩展，相互之间不会影响。例如，MME 进行资源扩展时不会影响到位于不同数据中心的 SGW/PGW 功能，反之亦然。除此之外，对于虚拟 EPC 的部署，不同的应用场景可能需要不同的虚拟化程度，例如，可根据需求对 EPC 进行整体或者部分功能的虚拟化。这种灵活的部署方式既能降低整体的部署成本，又能够针对传统移动核心网可靠性和弹性不足的情况进行相应的改进和优化。

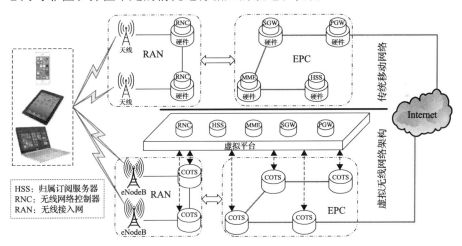

图 1.14　虚拟化移动核心网用例

1.3.4　NFV 面临的挑战

尽管 NFV 的出现能够解决传统网络中的诸多问题，但由于 NFV 尚处于研究初期，很多技术并不成熟，导致 NFV 的实际部署案例并不多。因此，要实现真正意义上的 NFV，仍有诸多挑战需要解决。本节结合 NFV 的主要特征，将主要从硬件和软件层面来对这些挑战进行说明。

1. 硬件层面的挑战

NFV 希望通过使用标准的商用硬件(如 x86)来取代网络中的专用硬件设备，从而达到构建统一、灵活、可扩展资源池的目的。另外，通过虚拟化技术，重新以软件的形式实现网络中的特定功能[10]。于是，NFV 可以通过在商用硬件上安装不同的软件，达到实现不同网络服务的目的。尽管这种设想很美好，但实际的情况是，当前互联网中的很多网络功能仍然由昂贵的专用硬件设备提供[107]。专用设备和网络功能特性之间的这种耦合关系导致网络极其僵化，并且为 NFV 的部署和实施带来了很大的挑战。解决这种现状最直接、简单的一个办法是使用商用硬件来取代网络底层所有的专用硬件[108]。然而，这种大规模的操作不但会浪费大量的专用硬件设备，也会导致成本成倍增长。因此，这种不切实际的方法并不被研究人员和运营商看好。相比使用一方取代另一方，当前比较普遍的做法是将这两种硬件体系协同起来，达到一种协作的状态[109,110]。这种方式既不会浪费已经存在的专用硬件资源，又保证了 NFV 的逐步演进。例如，专用硬件功能和 VNF 可以被组装在一起，共同提供特定的服务。此外，专用硬件设备也可以被用作备份服务器，提供可靠性保障。然而，从长远的角度看，要实现 NFV 生态系统，专用硬件很大程度上会逐渐被商用硬件所取代。

对于 NFV 而言，必须要思考的一个问题是，通用的 x86 体系结构的硬件设备是否能够胜任专用硬件在网络中所扮演的角色。一方面，商用硬件能够满足很多标准应用的需求，并且大规模地部署商用硬件能从一定程度上降低成本。另一方面，商用硬件所提供的性能相对于专用硬件较低，对于在某些指标(如吞吐量和可靠性)上有着高性能要求的应用，商用硬件并不实用[111]。如何将原本运行在专用硬件体系结构中的应用合理地迁移到商用硬件体系结构中，也是 NFV 实现过程中所必须要考虑的问题。

为了解决商用硬件所面临的这些问题，加速 NFV 的实施，现有的解决方案可以分为两种。第一种方案是使用数据平面加速技术，如数据平面开发套件(data plane development toolkit, DPDK)[112]和单根输入输出虚拟化(single root I/O virtualization, SR-IOV)[113]。第二种方案是使用高性能硬件，如 IBM 的 RackSwitch[114]和 Cisco 的 Nexus Switch[115]。对于第一种方案，考虑到 NFV 的特性，数据平面加速技术通常基于软件来实现对数据的加速处理。例如，DPDK[112]本质上是一组库函数和驱动软件的集合，它可以将包处理的速度提高 10 倍左右。另外两种比较普遍的数据平面加速技术分别为 SR-IOV[113]和

Netmap[116]。SR-IOV 是一种 I/O 虚拟化技术，旨在最大化资源利用率以及硬件性能。Netmap 是一种 API 函数，旨在通过提高数据平面的 I/O 速度，加速 NFV 的部署实施。尽管采用不同的技术手段来提高数据包的处理速度，DPDK[112]、SR-IOV[113] 和 Netmap[116] 都旨在最大化数据平面的性能。尽管 SR-IOV[113] 通过适当地引入一些虚拟化机制来减少网络的通信时延以及控制开销，从一定程度上保证了网络性能，但这也就意味着需要制定统一的虚拟资源与物理资源之间的映射关系。对于面向不同运营商的 NFV 而言，这将是非常复杂的工作。对于第二种方案，高性能硬件通常指专用设备。相较于商用硬件，尽管专用硬件方案缺乏一定的灵活性，它们能够满足一些对性能有着极其严格要求的 NFV 应用场景的需求。从这一点来看，高性能专用硬件其实是牺牲了灵活性，从而换取高性能。

在 NFV 的实际部署过程中，如何选择适当的硬件设备也是需要思考的问题之一，通常的硬件选择标准包括成本、质量、性能、可靠性和可扩展性等[117]。很多 4～7 层的网络功能(如负载均衡和域名服务器)都能够很好地运行在商用硬件设备上，这是由于这些功能对于包处理以及网卡的速度并没有很高的要求[118]。然而，其他一些网络功能，如数据中心之间的交换和网关，对 I/O 速度和性能有着极其严格的要求。因此，在这种情况下，相比于商用化硬件，专用硬件可能是更好的选择[119]。综合考虑，传统网络向 NFV 网络转变的基本思路是尽可能地基于商用硬件平台来满足用户的需求，同时将有着高性能要求的负载转移给专用设备进行处理。

2. 软件层面的挑战

NFV 将网络功能特性与底层硬件分离，促使出现了诸多以软件形式实现的网络组件。这种情况解决了传统网络中的诸多问题，降低了整体成本，但同时带来了一系列的挑战。

1) NFV 管理和编排

NFV 中最重要的概念之一是虚拟化网络功能，即 VNF。不同的 VNF 组装和编排方式可以构造出不同的网络服务。为了实现这样一种灵活的服务供给方式，网络运营商必须要对 VNF 的状态和生命周期进行管理。在 NFV 结构中，MANO 系统的引入正是为了解决 VNF 的管理问题[8]。尽管 NFV ISG 第一阶段的工作对 MANO 标准进行了详细的描述，但仍然存在着诸多需要解决的问题。

NFV 的目标是通过运行在开放、标准的基础设施上的软件网络设备来提供弹性、灵活的处理能力，从而降低网络服务的部署时间和成本[9]。要实现这一目标，统一的 MANO 标准必不可少。另外，MANO 必须要保证引入虚拟化之后的平台操作复杂度低于物理平台的操作复杂度。究其原因，主要是网络平台的操作复杂度会直接影响运营商网络技术的演进和后续业务的发布速度[120]。这样也能够保证在解决问题之后不会导致由于操作不当所引起的新问题。通过 MANO 系统的自动化机制，既能够降低 NFV 网络的操作复杂度，也能实现服务供给的可伸缩性。

本质上，NFV MANO 系统类似于 SDN 中的控制器，起着核心的作用。它提供了很多功能(如动态负载均衡和超载预防)来保证系统的可靠性[121]。然而，在互联网这样大的规模下，众多服务供应商和硬件设备商的存在将导致出现大量的虚拟网络功能。这些虚拟网络功能在 MANO 系统的管理下，提供着不同的服务。在这种情况下，MANO 系统稍微出现点问题，就可能导致网络的不稳定甚至崩溃[122]。因此，将众多虚拟网络功能无缝集成到标准的大容量服务器中，无疑是对网络虚拟化的一个重要挑战。对于网络运营商而言，在实现虚拟化的过程中，除了需要考虑系统的可靠性之外，还需要综合考虑不同服务提供商、不同虚拟化平台、不同虚拟网络功能之间的异构性和兼容性，尽可能地降低整体成本。

ETSI 只简单定义 NFV MANO 系统的结构以及部分接口，发展到现在，这种简单的结构已经成为默认的标准。许多研究工作从各方面对这种标准 MANO 结构进行改进和补充，构成了各种各样的 NFV 管理编排系统，如 OpenMANO[123]、OSM[124]、OpenStack[125]、Cloudify[126]、OPEN-O[127]等。通常，不同的 MANO 系统只适用于某些特定的应用场景。然而，考虑到互联网的规模，势必会出现异构的 MANO 系统同时存在的情况。这种异构 MANO 系统之间如何共存和协作是运营商必须要思考的问题。

2)性能评估

NFV 网络中的性能评估主要是对 VNF 的评估。从这个角度考虑，互联网工程任务组(internet engineering task force, IETF)详细描述了 VNF 评估与测试的通用指标、策略和方案[128]，ETSI 则针对具体的 NFV 应用场景给出了特定的 VNF 评估方案[129]。无论哪种情况，VNF 本身的性能都很难超过原本运行于专用硬件设备上的网络功能，例如，专用网络功能的包处理速度通常要高于 VNF[130]。硬件环境、操作系统，甚至实现方案的不同都有可能导致 VNF 出现意外行为，从而使得其性能变得更加难以预测。为了保证 VNF 的性能，大多数的研究方案通常会先估计峰值需求，然后根据最大需求量进行资源分配。然而，由于 VNF 的性能难以预测，这种方式其实并不适用。另外，这种方式也会导致大量的资源浪费。

因此，现有的研究侧重于构建 VNF 预测模型，从而实现对 VNF 的性能评估。例如，文献[131]基于数学理论构建了一个简单的 VNF 性能预测模型，而文献[132]则基于缓存缺失的情况对 VNF 的性能进行预测。尽管如此，大部分的 VNF 预测模型都面临着一个普遍的问题，即预测的准确性。当这种准确性没有达到特定高度时，就会误导运营商对 VNF 的操作，从而造成性能的降低甚至系统的崩溃。因此，如何保证预测的精度及弥补这种预测可能带来的性能损失，是对 VNF 性能进行预测和评估的关键。

3）可靠性

可靠性通常用于衡量一个系统的稳定程度。对于 NFV 而言，网络功能的虚拟化，使得可靠性变得难以保障[121]。传统网络中由专用硬件设备所提供的网络功能可靠性一般能够达到 99.999%。显然，对于 NFV 而言，要提供高可靠性的服务，必须保证 VNF 本身的可靠性。因此，这就要求 VNF 至少要提供和专用硬件功能对等的可靠性，这种可靠性主要体现在 VNF 的故障检测和恢复能力上[133]。

在 NFV 中，VNF 通常用于组装和构造端到端的网络服务。因此，VNF 可靠性的研究逐渐转变为对服务本身可靠性的研究。设备供应商和服务提供商根据网络应用的需求将服务可靠性等级划分为三类。具体而言，对于大规模网络，最高的可靠性等级可以概括为第一类是小于 1s 的故障检测时间和 5～6s 的故障恢复时间，第二类为 5s 的故障检测时间和 10～15s 的故障恢复时间，第三类为 10s 的故障检测时间和 20～25s 的故障恢复时间[121]。可靠性等级的划分并不足以完全解决 NFV 中的可靠性问题，仍然有许多需要进一步研究的地方，如 SDN/NFV 集成架构中的控制器单点故障以及多供应商环境下的故障检测与防御机制设计等[134]。

为了保证 NFV 中的服务可靠性，通常也需要根据实际情况或者标准对 VNF 的相关参数进行调整或者重新配置，确保 VNF 能够保留一些重要的状态信息，用于防御一些破坏性行为、进行快速灾后恢复[135]。另外，冗余的 VNF 部署也是保障网络可靠性的有效手段。然而，当网络故障规模大到一定程度时，这些措施并不能保证所有的服务得到恢复。在这种情况下，可以考虑优先恢复重要服务，从而最大程度上降低损失。

4）安全性

无论传统网络，还是 NFV，安全始终是个重要的话题。NFV 采用虚拟化技术来实现网络服务的动态供给，尽管获得了灵活性，但虚拟化的引入也导致 NFV 面临诸多安全挑战。针对这一点，ETSI 专门成立了一个安全专家小组(security expert group, SEG)[122]来识别和分析 NFV 中的安全问题。经过 SEG 评定，NFV 确实引入了诸多新型的安全隐患，如拓扑验证和权限隔离，但这些安全隐患却并非无法消除[136]。在 NFV 中，虚拟化平台和开源的 API 是造成这些安全隐患的主要原因[137]。首先，运行于虚拟化平台上的 VNF 极易受到恶意攻击。另外，虚拟化平台之间的不兼容和冲突也会增加安全风险[138]。

为了解决这些安全问题，大部分的研究者和企业希望通过集成 SDN 架构实现安全的 NFV 生态系统。例如，通过对 SDN 和 NFV 进行集成，文献[139]中称网络的安全程度提高了 1 倍。对于网络中出现概率最高的分布式拒绝服务(distributed denial of service, DDoS)攻击，文献[140]提出了一种 SDN 和 NFV 的集成架构，它基于 SDN 控制器所提供的持续监测与管理能力，能够在 DDoS 传播甚至造成损害之前将其检测出来。同样，正是因为这样的特点，SDN 控制器成为明显的攻击目标。一旦控制器被攻破，整个网络都将瘫痪。因此，在利用 SDN 优势来解决 NFV 中安全隐患的同时，也必须要思考如何避免 SDN 本身的安全问题。

根据 ARBOR 的报告[141]，针对 SDN/NFV 集成架构中的安全问题，已经有许多工具和解决方案。其中，最具代表性的是 NetFlow[142]，它是一种网络检测器，用于提供完善的监测功能和预警模式。但是 NetFlow 是轻量级的监测工具，不太适用于大规模网络。NetFlow 并没有定义明确的安全边界，导致对安全隐患的判断可能存在不足。针对这种情况，华为[143]、稳捷网络[144]、阿尔卡特朗讯[145]公司纷纷提出了自己的商用级的 NFV 解决方案。尽管这些方案能够从一定程度上解决 NFV 中的安全问题，但由于过于复杂而难以被真正落实。

1.4　SDN/NFV 的应用领域

为了提高网络的灵活性、加速网络创新，SDN/NFV 的网络架构已经被广泛应用于各种网络场景中。传统应用场景包括云、光网络，新型应用场景包括 5G 网络、物联网和信息中心网络。本节将通过介绍 SDN/NFV 在这些网络场景中的应用，讨论这两种技术可能的发展方向。

1.4.1　云

相较于 SDN，NFV 和云的关系更密切。云的重要特征之一是资源虚拟化，从而实现按需支付。同样，NFV 也基于虚拟化技术，从一定程度上实现了资源的按需支付。尽管它们之间并没有必然的依赖关系，但通过借鉴云计算的相关工作和经验，能够加速 NFV 的部署[146]。例如，对于 NFV，创造一种新的商业模式不仅耗时，也无法保证一定实用。相反，如果直接借鉴云计算中的软件即服务(software as a service, SaaS)模型，则能节省大量时间，加速 NFV 的实现。这种情况主要是因为 VNF 本身就是一种软件，可以作为服务的一部分进行出售[147]。另外，基础设施即服务(infrastructure as a service, IaaS)模型对于 NFVI 也同样适用。正如 1.3.3 节介绍的那样，NFVI 为 VNF 的执行和部署提供环境，因此可以作为一种服务出售给其他服务提供商[148]。考虑到以上情况，运营商往往会利用已有的云计算技术(如硬件虚拟化技术)来简化或者加速 NFV 环境的部署。

越来越多的研究开始尝试结合云与 NFV。典型的开源项目包括CloudNFV[149]、OpenStack[125]、CloudBand[150]等。其中，CloudNFV[149]由多家公司联合提出，它通过利用 SDN 和云计算技术，在多供应商网络环境下实现了一套开源 NFV 平台。OpenStack[125]本质上是一个云平台，从第 10 个版本(Juno)开始，同时支持 SDN 和 NFV 的特性。发展到现在，OpenStack 已经能够较好地支持自动化 VNF 部署与服务供给。CloudBand[150]也是一个云服务平台，旨在提供电信级的高质量、高可靠的服务。另外，它通过引入 NFV 的特性，简化平台的操作、降低成本、解锁新的收益[150]。

1.4.2　光网络

光网络并非一个新的概念，基于光纤的超大带宽，它能够为网络中的大容量业务提供高速的传输服务。然而，由于受到当前光交换硬件的发展瓶颈约束，全光传送网(all optical transmission network, AOTN)通常基于固定网格技术建造，且只能支持静态、集中的配置操作[151]。这种全光网络架构缺少动态服务供给和波长带宽分配的能力，通过在 AOTN 中搭建 SDN 和 NFV 的网络架构，可以在一定程度上缓解这种不足。文献[152]和文献[153]都通过引入SDN 和 NFV 的概念，从而解决光网络中的一些问题。具体来说，文献[152]旨在构造一个可编程的全光网络。一方面，SDN 的南向接口支持对数据平面进行可编程操作。另一方面，NFV 将底层硬件统一为标准商用硬件，从而简化数据平面的操作。因此，基于 SDN 和 NFV，可以较容易地实现光网络的可编程。文献[153]通过利用 SDN 所提供的全局视图，实现了光网络中不同区域之间的快速协调与同步。

　　为了在异构的光传输网中提供多租户的环境，文献[154]和文献[155]在光网络中引入 NFV 的概念，用于实现异构光层的虚拟化，从而为每个租户提供虚拟的光网络环境，分别由不同的 SDN 控制器进行控制。另外，针对光网络中的服务供给问题，文献[156]和文献[157]基于 SDN 和 NFV 的概念分别给出了不同的解决方案。它们的区别在于文献[156]中的应用场景为全光网络，而文献[157]则考虑光电混合的网络。尽管文献[157]比较符合实际情况，但它也需要解决光信号与电信号之间的转换和同步。最后，SDN 和 NFV 对于解决光网络中的安全问题也有一定优势。文献[158]通过联合使用量子密钥技术和时间共享机制，在分布式环境中搭建了基于 SDN 与 NFV 的光网络架构，从而实现网络的安全。

　　尽管 SDN 和 NFV 能够解决光网络中的诸多问题，它们的引入同样带来了一系列的挑战。现有的研究中，大部分仅简单地将 SDN 和 NFV 的一些特性应用于光网络，并没有进行深入的探索。将 SDN 和 NFV 应用到光网络中需要实现光交换功能的虚拟化。考虑到光器件的发展现状与瓶颈，这种虚拟化极难实现。如何协调光子与电子之间极度不匹配的传输速度也是关键挑战之一。

1.4.3　5G 网络

　　随着 5G 通信技术的出现，传统的网络范式，如 EPC、无线接入网(radio access network, RAN)、云 RAN(cloud RAN, C-RAN)，甚至卫星网络，都重新得到了研究人员的关注。但同时，5G 的出现也就意味着网络中的服务、应用和用户都将成倍地增长。为了缓解大规模数据带来的压力，大多数的研究倾向于在这些网络范式中搭建 SDN/NFV 的集成架构。例如，文献[159]～文献[161]分别针对 5G 移动核心网、传输网、接入网，提出了不同的网络架构。尽管应用场景不同，这些网络架构的本质相同，即整体采用 SDN 三层结构，数据平面由标准商用硬件组成。

　　如果说 5G 技术为不同的网络范式带来了机遇，那么 SDN 和 NFV 则提供了实现机遇的手段。对于 EPC，文献[162]基于 SDN 和 NFV 的特性，提出了 EPC 即服务(EPC as a service, EPCaaS)的概念，它能从一定程度上缓解资源利用不合理的窘境。对于 RAN，文献[163]通过虚拟化一些复杂的 RAN 功能，搭建了一套虚拟化框架，可以在满足 5G RAN 技术需求的同时，降低运维成本。对于 C-RAN，它是 RAN 和云计算的结合。文献[164]通过利用 SDN 和 NFV 的特性来优化 C-RAN 的网络模型，从而达到降低成本的目的。需要注意的是，RAN 和 C-RAN 的虚拟化要比 EPC 的虚拟化复杂，其主要原因在于 RAN 和 C-RAN 的虚拟化需要将用户网络接入核心网，因此相关功能的虚拟化更为复杂[165]。

目前，5G 的标准化进程仍然处于初期。尽管 SDN 和 NFV 能够加速该进程，同时减缓世界范围内移动设备和流量的爆炸性增长所带来的压力[166]，但 SDN、NFV 和 5G 的结合仍面临诸多问题，如虚拟 5G 网络功能以及专用网络功能之间的互操作和兼容性如何解决等。另外，值得注意的是，当 5G 网络中的流量增长超过某一阈值时，极有可能导致网络性能急剧下降，届时如何保障 5G 网络的性能值得思考。

1.4.4 物联网

物联网(internet of things, IoT)具有两大特征。首先，终端设备的种类和数量繁多，这要求 IoT 在服务供给方面必须具备足够的敏捷性和效率。SDN 和 NFV 能够根据 IoT 的需求来制定网络结构，有针对性地提高服务的灵活性。具体而言，其包括动态部署 VNF 来实现 IoT 要求的定制化服务以及利用 SDN 的集中控制能力来管理和调度 IoT 中的数据流[167]。其次，在 IoT 中，众多的终端设备往往会持续不断地相互通信，从而产生大量的实时数据。而鉴于网络中时延和带宽的约束，这些实时数据或者请求通常无法全部得到及时处理。通过引入 SDN 和 NFV，可以实现 IoT 的智能化，除了一定程度上避免流量瓶颈之外，还能够在边缘网络提供流量分析，从而减轻上述描述的 IoT 中的"症状"[168]。

已经有很多文献对 IoT 和 SDN/NFV 之间的关系进行了探讨，并指出它们可能的结合方式。文献[169]和文献[170]提出实现 IoT 基础设施平面的虚拟化和可编程，不同的是文献[169]以服务为导向，文献[170]以内容为导向。文献[171]从架构上考虑对 IoT 进行重组，旨在引入 SDN 和 NFV 以提高网络的灵活性并加速网络创新。鉴于 IoT 中终端设备的增长趋势，文献[172]又进一步提出了分布式的 IoT 架构，并且通过虚拟化相应的传感器功能，实现对超大规模数据的实时处理。

尽管将 SDN/NFV 和 IoT 相结合的愿望很美好，但实现起来却会遇到各种问题。首先是 IoT 相关功能的虚拟化，所有服务于终端的网络功能基本都需要被虚拟化，从而对这些功能打包提供给用户，这项工作复杂且耗时。另外，虚拟化功能本身也将造成安全方面的隐患。

1.4.5　信息中心网络

鉴于网络中快速增长的内容请求数量与主机数量之间的不匹配，信息中心网络(information-centric network, ICN)提出按照名字搜索请求的内容，而非网络 IP 地址。在这种情况下，每一份内容都需要有唯一的名字，并且用户可以从最近的内容副本拥有者处获取相关内容[173]。从这点看，ICN 中内容获取方式可以不用考虑信息位置、存储甚至传输过程，从而增强了网络本身的安全性和移动性[174]。尽管如此，ICN 这种设想将导致出现大量的内容名字，随着网络规模的增加，该数量将呈指数增长。为了解决这种 ICN 本身固有的问题，现有的研究普遍倾向于将 ICN 与其他网络技术相结合，其中 SDN 和 NFV 是最具代表性的两种技术。

SDN 和 NFV 能够为 ICN 带来可编程和虚拟化的特性。基于这两种特性，能够在同样的物理网络上实现异构的 ICN，从而服务于不同的应用，最大化 ICN 本身的特性[175]。同样，借由网络可编程和虚拟化所带来的优势，文献[176]支持对缓存内容进行动态调整，以满足网络业务的需求。文献[177]将 ICN 中按名索引的规则集成到软件交换机(如 Open vSwitch)中，避免了耗时的长前缀匹配操作，同时降低了计算开销。此外，对于 ICN 来说，每一份内容可以看作一种服务。根据 ICN 的特点，这些服务和网络位置无关，具有一定的可扩展性和可靠性。回顾 SDN 与 NFV 的特征，可以推断它们在一定程度上互补。

尽管有这么多研究尝试将 ICN 与 SDN/NFV 结合，在本书作者看来，ICN 中的重要功能(如名称路由)并不被现有网络设备所支持，目前也并没有有效的方案应对 ICN 名字的爆炸性增长趋势。

1.5　SDN/NFV 服务功能链编排关键问题

通过对比分析 SDN 和 NFV 在众多网络领域中的研究，不难发现，服务的编排与管理是重要的应用情形之一。在 SDN 与 NFV 的背景下，网络服务通常又定义为服务功能链(service function chain, SFC)。一条服务功能链通常是指由多个 VNF 实例所组成的对象序列[120]。控制器通过引导网络流量按照特定的顺序经过这些实例对象，从而达到实现服务功能链交付的目的。因此，基于这种特性，服务功能链的编排具备高度的灵活性。尽管如此，高灵活性必然带来高复杂性。例如，传统的服务供给问题大致可以归类为路由问题，而基于 SDN 和 NFV 的服务功能链供给问题则涉及 VNF 实例的部署和流量引导。此外，在服务功能链供给问题的基础上，进一步演化出了服务功能链重组和优化问题。本节将循序渐进地对这些相关研究问题进行介绍，从而形成基本的概念。

1.5.1　服务功能链供给

在传统电信网络中，存在大量的专用硬件设备，俗称中间盒子。通常，中间盒子指的是可以进行数据发送、传输、过滤、检查或者控制的专用设备，其主要目的在于网络控制和管理[178]。因此，中间盒子是传统网络服务的重要组成部分。随着网络服务种类越来越多，中间盒子的数量也在不断增加。目前，比较普遍的中间盒子设备包括网络地址转换器(network address translator, NAT，根据指令修改数据包的源或者目的地址)、防火墙(用于过滤不需要的或者恶意的网络流量)、深度包检测(deep packet inspector, DPI，用于解析数据包格式提取相关信息)等[179]。然而，这些中间盒子在投入使用之前，必须要经过复杂且冗长的人工配置、部署和硬件集成等过程。因此，在传统网络中提供一项新服务往往要付出大量的经济成本和时间成本[180]。除此之外，中间盒子一旦部署在网络中，很难进行二次修改或者移动。在这种情况下，网络本身也就变得越来越僵化和臃肿。

通过引入软件和硬件解耦的思想，SDN 和 NFV 能够有效地缓解，甚至解决中间盒子所导致的一系列问题[10]。首先，SDN 从网络架构的角度将网络控制和数据转发进行分离。一方面，这种分离支持对大量的中间盒子进行集中化管理，从而降低管理和控制的复杂性。另一方面，SDN 对外提供了可编程接口，可以在一定程度上实现中间盒子编排的抽象控制逻辑。其次，NFV 从功能的角度将网络功能特性和底层专用硬件解耦。一方面，使用软件的形式(VNF)来实现中间盒子所提供的网络服务功能[181]，既提高了服务供给的灵活性，又缩短了新服务的发布周期。另一方面，使用商用硬件设备取代专用硬件设备来提供 VNF 的运行环境，降低了网络的支出成本和运营成本。这些由不同 VNF 所构成的服务又称为 SFC[182]。SDN 为 SFC 的实现提供了资源的虚拟复用，而 NFV 则为 SFC 的实现提供了 VNF 的按需虚拟编排，从而使动态服务功能链的构建能够更加快捷高效。尽管目标一致，它们的侧重点和所操作的对象却不同。SDN 侧重于资源虚拟化，而 NFV 侧重于功能虚拟化。SDN 具有较细的控制粒度，而 NFV 则具有较粗的控制粒度。

SDN 和 NFV 所定义的服务功能链供给问题通常由两部分组成，分别为 VNF 的部署和流量引导。VNF 的部署可以抽象为物理节点选择问题。给定任意待部署的 VNF，物理网络中可能存在多个满足其部署条件的节点。由于一个 VNF 只能被部署到一个物理节点上，那么，如何从这些物理节点之中选择最合适的一个，则是 VNF 部署所需要考虑的问题。如图 1.15(a) 所示，服务功能链所要求的三个 VNF 实例分别部署在节点 B、D 和 E 上。另外，根据服务功能链的定义，流量只有按顺序经过要求的 VNF 实例对象才能实现服务功能链的供给。于是，需要在任意两个邻接的 VNF 部署节点之间建立服务功能路径段，进而可以实现任意节点对之间的路由定制化。

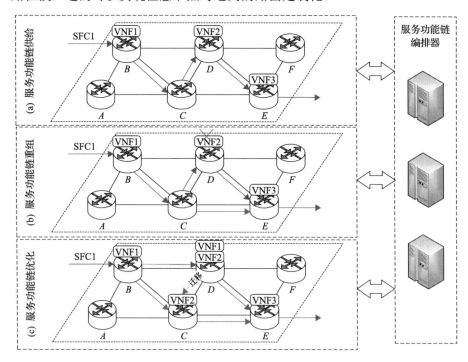

图 1.15   关键研究问题示例图

如图 1.15(a) 所示，VNF1 与 VNF2 之间的服务路径为 $B \rightarrow C \rightarrow D$，而 VNF2 与 VNF3 之间的服务路径为 $D \rightarrow E$。经过以上 VNF 部署和流量引导步骤，便建立了一条完整的服务功能路径 ($B \rightarrow C \rightarrow D \rightarrow E$)，进而实现服务功能链的供给。

另外，根据服务功能链请求类型的不同，又可以分为单播服务功能链供给和多播服务功能链供给问题。图 1.15(a) 为单播服务功能链供给的示例。相对而言，多播服务功能链供给问题也需要进行 VNF 部署和流量引导。区别在于，单播服务功能链可以看作多播服务功能链的一种特例，多播服务功能链可以用于求解单播服务功能链问题，但是会造成不必要的开销，因此，针对不同的应用情形，需要使用不同的算法机制来进行求解。除此之外，单播服务功能链只需要建立一条功能链，而多播服务功能链可能需要建立多条功能链。例如，对于同一种类型的 VNF，单播服务功能链只需要部署一个实例，而多播服务功能链可能需要根据实际需求部署多个实例对象。在这种情况下，如何根据部署的 VNF 实例对象建立多播转发拓扑也是多播服务功能链供给问题所需要考虑的。因此，尽管单播服务功能链供给问题和多播服务功能链供给问题本质相同，多播服务功能链在具体实现上要远比单播服务功能链复杂。

　　基于 VNF 的服务功能链供给方式所带来的高度灵活性和动态部署性吸引了来自学术界和工业界的研究人员，他们从不同的角度出发，提供了不同的服务功能链供给方案。鉴于服务功能链供给的 NP 难问题[183]特性，这些服务功能链供给方案都难以做到十全十美。一部分解决方案的时间复杂度较高（如文献[183]和文献[184]），无法在有效时间内解决大规模网络中的服务功能链供给问题。而另一部分解决方案则可能会导致比较尴尬的局部最优情况（如文献[185]和文献[186]）。例如，将 VNF 部署到满足其服务需求且总有效资源量最小的节点上将会支持接收更多的大容量服务功能链请求，但会导致网络拥塞[185]。而将 VNF 部署到满足其服务需求且总有效资源量最大的节点上会使得网络复杂度更加均衡，但会导致无法满足随后到达的大容量服务功能链请求[186]。除此之外，影响服务功能链供给解决方案的因素还包括服务功能链请求的到达模式、网络控制模式（分布式或者集中式）、网络异构性等。综合考虑以上因素，有必要进一步对 SDN 和 NFV 下的服务功能链供给问题进行研究。

1.5.2　服务功能链重组

　　通常，服务供给在实现之后会持续存在一段时间。在此期间，用户对服务的需求内容可能会发生改变。对于这种需求变化，传统的服务供给方式往往无法有效应对。主要体现在两方面：①传统网络服务的供给依赖大量的专用设备来提供特定的服务功能，而这些设备固定且不可编程的特性极大地限制了网络运营商对服务进行更改的能力；②对传统网络服务进行修改时需要手动重新配置底层的专用硬件设备，从而可能导致较高的配置成本和出错率。除此之外，对专用硬件设备进行重新配置极有可能导致级联效应。从当前服务的角度看，修改其中的一个专用设备可能会影响到其他用于构造该服务的专用设备。而从网络的角度看，修改一个专用设备可能会影响到使用该设备的所有其他服务。

由 SDN 和 NFV 所提供的新型服务功能链供给方式能够有效缓解传统网络服务供给所面临的挑战。首先，由专用硬件设备所提供的网络功能特性被封装在 VNF 中，支持以软件的形式安装到标准商用硬件设备上提供服务。其次，VNF 部署之后，支持通过可编程接口进行修改，相对于手工配置方式而言，其成本和出错率更低。最后，VNF 支持动态部署，在提高服务供给灵活性的同时，也从一定程度上缓解了传统网络所面临的僵化问题。于是，传统网络服务的需求变化在这种新的服务功能链供给方式下就演变为对 VNF 需求的变化，具体需求包括向当前服务功能链中增加新的 VNF 或者从当前服务功能链中删除已经存在的 VNF。因此，为了满足这种需求的变化，服务功能链的供给需要具有一定的可扩展性。

在 SDN 和 NFV 中，这种动态增加或者删除 VNF 的行为又称为服务功能链重组问题[187]。需要注意的是，服务功能链重组问题与服务定制化问题之间存在一定区别，服务功能链重组问题侧重对已经建立的服务功能路径进行局部调整以满足业务的需求，而服务定制化问题则需要采用动态路由算法重新规划整条服务路径以满足定制化业务的需求。另外，根据文献[187]，向服务功能链中增加 VNF 的操作称为向外扩展(scale-out, SO)，其目的通常是实现服务功能的扩展或者冗余等。而从服务功能链中移除 VNF 的操作称为向内收缩(scale-in, SI)，其产生的原因则是某些服务功能不再被需要或者已经失效。服务功能链重组问题是以服务功能链供给为基础发展而来的，因此，针对服务功能链供给问题的算法也可以用于求解服务功能链重组问题。然而，需要注意的是，服务功能链供给往往意味着对整条服务功能链进行重新部署，而服务功能链重组问题可能只需要对已经部署好的服务功能链进行局部修改。基于这点考虑，直接将服务功能链供给算法应用于求解服务功能链重组问题将导致不必要的开销，甚至造成服务质量下降。

以 SI 请求为例，如图 1.15(b) 所示，假设需要移除 VNF2。基于服务功能链供给算法进行求解，需要拆掉整条服务路径，再重新计算一遍，假设为 $B \rightarrow C \rightarrow E$。而如果使用服务功能链重组算法，则只需要将 $C \rightarrow D \rightarrow E$ 路径段重新配置为 $C \rightarrow E$ 路径段，极大地降低了计算开销。需要注意的是，图 1.15(b) 展示的是基于单播的服务功能链重组案例，基于多播的服务功能链重组案例则更为复杂。

目前，针对服务功能链重组问题的学术研究相对较少。尽管如此，用户频繁的需求变化势必会导致对服务功能链进行重组。一方面，服务功能链重组请求可能发生在服务功能链生命周期的任何时刻。另一方面，两种类型的

服务功能链重组请求(即 SI 或者 SO)可能会同时产生。在这种情况下,服务
功能链重组问题就变得更为复杂。此外,工业界对于实现服务功能链重组的
技术手段主要依赖虚拟局域网或者路由变换,但这两种技术手段具有一定的
操作复杂性和安全风险。基于以上考虑,动态地增加或者删除服务功能链中
的 VNF 实例对象的过程较为复杂[187]。因此,需要定义一种可扩展、快速和
敏捷的服务功能插入和删除模型,从而更加细粒度地实现服务功能链的重组。

1.5.3　服务功能链优化

　　SDN 和 NFV 提供了一种新型、灵活的服务功能链供给方式。尽管如此,
在 SDN 和 NFV 这类新型范式下,用户需求的多样性与流量的动态性日益增
强。为此,需要进一步优化服务功能链的质量来满足用户各种各样的需求。

　　服务功能链主要由不同的 VNF 实例组成,因此,需要从 VNF 的角度出
发思考对服务功能链的优化问题。大部分的研究工作所提出的服务功能链解
决方案通常基于这样一个假设条件,即一个 VNF 实例对象只为一条服务功能
链提供服务。在这种情况下,不同 VNF 之间不会发生资源冲突问题,不同服
务功能链之间的性能也不会相互影响。因此,基于 VNF 独享的服务功能链通
常会从算法的角度来优化服务质量或者网络资源的利用率。然而,基于 VNF
独享的服务功能链供给方式通常是为了实现特定的目标,不但代价昂贵,而
且资源利用率极其低下。为了提高资源的利用率,实际网络中的服务功能链
之间会共享相同的 VNF 实例对象。这种方式充分利用 VNF 本身的能力,同
时降低了部署在网络中的 VNF 数量,从而减少网络资源碎片,提高资源利用
率。尽管在不同服务功能链之间共享 VNF 实例对象能够带来诸多优势,这种
共享模式同时也带来了诸多挑战。因此,本书主要研究 VNF 共享模式下的服
务功能链性能优化问题。

　　鉴于单个 VNF 实例对象可能同时被多条服务功能链使用,必然会存在属
于不同服务功能链的流量同时到达的情况。由于 VNF 并不具备并行处理的能
力,那么,问题在于如何调度这些同时到达的流量,从而实现某类特定目标(如
最小化调度时间或者平均处理时延)。从本质上看,这种调度问题需要 VNF
为不同的流量分配对应的执行时间片,从而最大化 VNF 的执行效率。然而,
考虑到 VNF 的实现方式(可以由物理服务器直接提供对应的服务功能,也可
以通过在虚拟机上部署对应的 VNF 实现)的不同,它们在时间片的分配处理
上也会有所不同[188]。除此之外,针对共享 VNF 的学术研究目前还比较少。
另外,传统的调度算法在处理 VNF 共享情况下的流量调度问题时尚有不足。

以先到先服务(first come first serve, FCFS)算法为例,它严格按照流量的达到顺序提供服务。由于 FCFS 不区分老鼠流和大象流,从而将导致老鼠流的等待时间过长。如果网络中的老鼠流所占的比例较大,那么基于 FCFS 的调度机制就将导致网络整体的处理时延急剧增加。综合考虑以上因素,有必要针对 VNF 共享模式下的流量调度问题进行深入的探索和研究。

当某个节点上部署的 VNF 实例对象数量过多时,势必会造成该节点过载,从而降低网络整体性能。对于这种情况,可以在服务功能链供给阶段采用相应的 VNF 部署策略进行消解,包括移除无效的 VNF 或者在更优的位置重新部署一个新的 VNF 以应对网络的变化。尽管这种方式可以缓解 VNF 部署过多带来的过载问题,但却忽略了 VNF 本身的状态特性。具体而言,一些 VNF (如防火墙)需要记录甚至跟踪通过其流量的运行状态和特性信息,从而更好地进行策略实施。通常,这些信息会被持续更新,并存储在当前 VNF 中。因此,贸然地替换该 VNF 将会不可避免地破坏所跟踪的流状态的连续性[189]。基于这一点,相较于部署新的 VNF 对象,将过载节点上的部分 VNF 迁移至轻载节点,更适于优化节点过载的情况。如图 1.15(c)所示,假设原始服务路径为 $B \rightarrow D \rightarrow E$。然而,节点 D 负载过重,于是将 D 上的 VNF2 迁移至轻载节点 C,再将相关流量引导至节点 C,此时的服务路径为 $B \rightarrow C \rightarrow E$。

通常来说,VNF 实例对象都具有一定的状态性。因此,基于 VNF 迁移策略来优化服务功能链质量,需要考虑如何迁移和该 VNF 相关的所有流状态信息[190]。鉴于目前 VNF 的运行环境主要由虚拟机提供,因此,大部分的研究工作倾向于通过迁移整个虚拟机来实现 VNF 的迁移。尽管如此,迁移整个虚拟机所需要的能耗和成本要远高于迁移 VNF 实例对象。虚拟机的迁移也就意味着所有运行在它上面的 VNF 实例将会被迁移。在这种情况下,所有相关的服务功能链都将受到影响。基于以上因素,有必要根据 VNF 的特性,有针对性地实现更加细粒度的 VNF 迁移机制来满足多方面的需求。

1.6 本 章 小 结

本章为绪论部分,主要介绍 SDN 和 NFV 的相关研究背景,并说明这两种技术的主要应用领域。通过分析 SDN/NFV 在各领域的主要应用,引出本书的重点,即 SDN/NFV 下的服务功能链编排机制。

第 2 章　SDN/NFV 服务功能链编排架构

服务功能链编排是 SDN/NFV 模式下最重要的概念之一，旨在通过一系列的服务功能部署、装配和流量引导等操作，实现一种敏捷与自动化的服务交付方式。针对 Internet 中用户需求多样、多变的现状，学术界和工业界已经展开了各种各样的研究。然而，这些研究的目的通常在于解决某类特定的服务交付问题，如服务功能的部署。因此，在面对像 Internet 这种大规模的网络时，这些研究就显得较为分散，不足以应对网络中可能存在的突发状况。本章基于此，提出并设计了一种一体化的服务编排框架(integrated service orchestrator framework technique, INSOFT)。它将服务编排的过程划分为三部分，分别为服务功能链供给、服务功能链重组、服务功能链优化。其中，服务功能链供给用于满足用户的初始化需求，服务功能链重组用于满足用户变化的要求，服务功能链优化用于改善网络的整体性能，从而最大化用户对服务的满足度。

2.1　概　　述

NFV 旨在通过利用标准的 IT 虚拟化技术改变当前僵化的网络结构。具体而言，即将各种各样独立、封闭的专用网络设备整合到大容量的标准化商用硬件设备上，从而实现网络功能特性与底层物理硬件的分离。基于这种情况，这些分离的网络功能特性能够以软件的形式实现，进而动态地部署、运行于商用设备所提供的环境中。这种软件在 NFV 中又称为 VNF。VNF 和基于专用设备的物理网络功能(physical network function, PNF)都是组成网络服务的重要组件。根据 ETSI 的定义，将一个或者多个 VNF(或 PNF)按照一定顺序串联起来，引导流量按顺序通过这些服务功能，就能够实现某类特定的网络服务。这种新型的服务编排模式也称为 SFC。

尽管 VNF 为网络服务功能链的组装与编排带来了极大的灵活性，这同时也意味着复杂程度的增加。在传统网络中，专用硬件设备通常被提前部署在网络中固定的位置来提供某些特定的网络功能。再根据用户需求，将对应的流量引导通过这些网络功能，进而实现服务的交付。而在 NFV 网络中，底层基础设施由标准商用硬件设备组成，因此可以根据需求动态地部署 VNF。从这点考虑，合理有效地解决 VNF 的部署问题将是提高服务灵活性和降低网络成本的关键。因此，VNF 部署问题是这种新型服务编排模式下所必须要解决的问题之一。除此之外，这种新型服务模式所面临的问题还包括：VNF 生命周期管理、交互与接口设计、自动化服务编排等。

　　为了解决上述问题，研究人员分别提出了不同的编排框架。工业界的例子包括 OpenStack Tacker、Cloudify 等，学术界的例子包括 ETSO、CoordVNF 等。尽管这些框架面向不同的应用场景和问题，它们都符合 ETSI 提出的标准 NFV MANO 结构。考虑到 NFV 与 SDN 的高度互补特性，这些框架在实现功能虚拟化的同时，也充分利用了 SDN 所提供的全局网络视图和网络可编程特性，从而快速、灵活地实现服务功能链的动态部署与交付。随着 SDN/NFV 的集成架构不断进行横向和纵向扩展，所形成的服务编排框架已经远远不止前面提到的几种。尽管如此，为了加速 NFV 的实现，这些服务编排框架通常在设计时只考虑完全虚拟化的环境，即基础设施层全部由商用硬件组成，提供支持 VNF 运行的虚拟化环境，再通过部署不同的 VNF，从而实现服务功能链的供给。然而，实际的网络则是由专用硬件设备和商用硬件设备共同组成的。考虑到 NFV 演进的长期性，这种共存的情况会保持很长一段时间。因此，如何基于动态的 VNF 和静态的 PNF 来共同实现服务的供给对于优化网络性能、提高资源利用率起着重要的作用。

　　这些服务编排框架都旨在为 VNF 的部署与组装提供相应的服务。例如，OpenStack Tacker 和 Cloudify 主要提供支持 VNF 部署的云环境，ETSO 和 CoordVNF 则关注如何更好地实现基于 VNF 的服务功能链组装与供给。针对具体的问题，这些研究各有侧重，如 Cloudify 提供对异构云环境的支持，而 OpenStack Tacker 则没有；ETSO 对外提供可编程的 VNF 部署模块，而 CoordVNF 则采用内嵌的 VNF 部署算法。其次，SDN 与 NFV 下的服务功能链供给的关键问题在于 VNF 的放置与部署，而大部分现有的编排框架并没有提供这样一个开放的测试环境，一定程度上限制了网络研究的创新。

　　综合考虑这些因素，目前针对 SDN 和 NFV 环境下的服务编排框架研究工作具有一定的分散性和局部性，难以形成一套完整、全面的服务编排框架结构，同时满足各种各样的服务需求。因此，在面对像 Internet 这样的大规模、动态变化且需求多样化的网络时，就显得力不从心。本章针对 Internet 的现状和 SDN/NFV 所导致的多样化服务需求，提出了一套 INSOFT。综合考虑各种可能的网络现状和用户需求，INSOFT 将服务编排划分为三部分，分别为服务功能链供给、服务功能链重组与服务功能链优化。其中，服务功能链供给部分用于满足用户的初始化需求，服务功能链重组部分用于满足用户在服务供给过程中变化的需求(如动态增加或者减少服务功能)，服务功能链优化部分则用于改善网络的整体性能，进而提高服务质量。相对现有服务编排框架的职能而言，INSOFT 的涵盖范围更加全面和广泛。

2.2　系统框架

基于软件定义的思想，本章提出的 INSOFT 如图 2.1 所示。它对现有的研究工作进行了较大的补充与完善。从架构上看，INSOFT 采用了 SDN 的三层结构，包括应用层、控制层与基础设施层。数据转发与控制的分离使得 INSOFT 能够更加关注服务编排层面的控制与设计。因此，控制层的设计是 INSOFT 的关键。通过对 Internet 现状和现有服务编排框架进行分析，INSOFT 主要由 SFC 控制器、参数解析器、网络监视器、服务功能实例管理器、虚拟服务功能池和服务编排模块组成。其中，服务编排模块又被进一步细分为服务功能链供给、服务功能链重组与服务功能链优化三部分，从而支持更加细粒度地实现服务的编排任务。INSOFT 各部分的功能和作用分别详述如下。

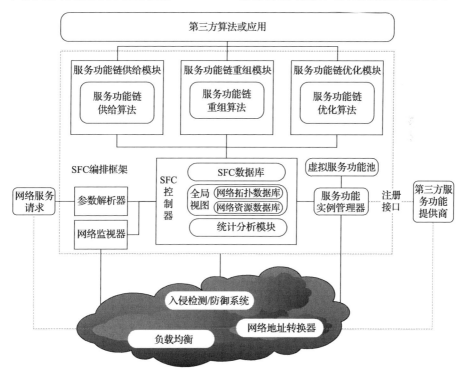

图 2.1　INSOFT

(1) SFC 控制器。SFC 控制器是服务管控与编排中心，负责维护整个系统的运转。从内容上看，它主要包括一张全局视图、一个 SFC 数据库和一个统计分析模块。其中，全局视图通过网络监视器获取具体的拓扑和资源信息，SFC 数据库记录相应的请求信息，统计分析模块用于进行性能评估和分析。从职能上看，它从外部获取请求信息，根据具体需求和全局网络视图制定对应的服务编排方案，再通过调用编排模块和服务功能实例管理器联合完成。

(2) 参数解析器。参数解析器负责将网络中格式各异（如 TOSCA 或 JSON）的服务请求解析为 INSOFT 可以识别的格式。除此之外，它还负责对所解析参数的有效性和完整性进行判断，保证这些数据在传给其他模块时是正确的。

(3) 网络监视器。网络监视器负责监控网络中的信息变化，主要包括节点与链路的剩余可用资源。一旦监测到变化，它会将变化的信息上传到 SFC 控制器的网络拓扑数据库和网络资源数据库，进而更新 SFC 控制器的全局视图。

(4) 虚拟服务功能池。虚拟服务功能池类似于一个数据库，负责存储各种类型的 VNF。VNF 以软件的形式存在，可以根据用户的需求进行实例化。

(5) 服务功能实例管理器。服务功能实例管理器负责对 VNF 的生命周期进行管理。具体而言，SFC 控制器制定具体的服务部署方案，交由服务功能实例管理器执行，包括从虚拟服务功能池中选择具体的 VNF 软件进行实例化操作、部署以及对 VNF 实例进行持续的管理。考虑随着网络功能虚拟化的深入，VNF 种类会越来越多，INSOFT 所内置的服务功能无法满足需求。因此，服务功能实例管理器预留了一个可扩展的接口，支持将第三方的 VNF 注册到 INSOFT 中，从而实现跨 VNF 供应商的服务编排。

(6) 服务功能链供给模块。服务功能链供给模块负责制定具体的服务功能链供给机制，满足用户初始化的服务需求。主要包括 VNF 的放置与部署、路径计算以及流量引导。本书提出和设计了服务功能链供给（SFC provision, SFC-P）算法，具体实现将在第 3 章进行详细介绍。

(7) 服务功能链重组模块。服务功能链重组模块负责制定具体的服务功能链重组机制，从而满足用户在服务周期内可能变化的需求（如增加或者删除 VNF）。同样，提出和设计了服务功能链重组（SFC recomposition, SFC-R）算法，具体实现将在第 4 章进行详细介绍。

(8) 服务功能链优化模块。服务功能链优化模块负责制定具体的服务功能链优化机制，通过提升网络的整体状况，进而提高服务质量。考虑到服务功能链由 VNF 和 PNF 组成以及 PNF 的静态特性，提出和设计了基于 VNF 调度的服务功能链优化（SFC optimization, SFC-O）算法，具体实现将在第 5 章进行详细介绍。

为了实现对服务编排的细粒度控制,大部分复杂的 VNF 首先被分解为最基础的 VNF 组件,再被存储到虚拟服务功能池中。另外,通过设计和实现以上具体的算法机制,INSOFT 能够根据用户不同的需求来实现服务功能链的定制化。

2.3 运行机制

INSOFT 的具体运行机制如图 2.2 所示。通过该时序图可以看出,SFC 控制器在 INSOFT 内部起着重要的作用,它负责将所有的模块串联起来实现服务的编排。为了方便理解和掌握 INSOFT,本节将 INSOFT 的主要工作流程组织如下。

(1)用户或者研究人员向 INSOFT 提出服务请求,主要包括所需要的服务功能和 QoS 等。这些请求首先由 SFC 控制器接收,然后交由参数解析器进行解析。为了方便起见,图 2.2 省去了 SFC 控制器接收和转发的部分。

(2)由于服务请求的格式各异(如 TOSCA 和 JSON),参数解析器需要将这些不同格式的服务请求转换为 INSOFT 可以识别的格式,从而支持对该请求进行后续处理。除此之外,参数解析器还必须确保该服务请求信息的完整性和有效性,从而保证后续操作的可靠性。若参数有效,则提交给 SFC 控制器处理。否则,向用户或者研究人员返回参数错误的消息。

(3)SFC 控制器收到可识别的服务请求,根据请求的优先级存放至 SFC 请求队列中的对应位置。另外,SFC 控制器会循环地从 SFC 请求队列中提取出 SFC 请求,再交由服务功能实例管理器进行处理。目前,INSOFT 中的服务功能实例管理器一次只处理一条请求。因此,SFC 控制器只有在收到服务功能实例管理器反馈的成功消息时,才会向其发送下一条 SFC 请求。为了维护最新的全局网络视图,SFC 控制器会通过网络监视器更新网络拓扑和资源信息。这部分功能由网络监视器发起,它只有在监测到拓扑和资源的变动时,才会通知 SFC 控制器更新其对应的数据库。

(4)服务功能实例管理器接收到来自 SFC 控制器的消息之后,开始对服务请求进行处理。前面介绍过,INSOFT 将服务请求分为三类:供给、重组和优化。通过对该服务请求进行分类与判断,服务功能实例管理器将调用对应的模块。这部分比较简洁,服务功能实例管理器提供输入(服务请求信息),服务功能链编排模块执行对应的算法返回输出(抽象控制逻辑,如 VNF 如何部署以及流量怎样路由)。需要注意的是,SFC 控制器所维护的全局视图是执行编排算法所必需的参数。

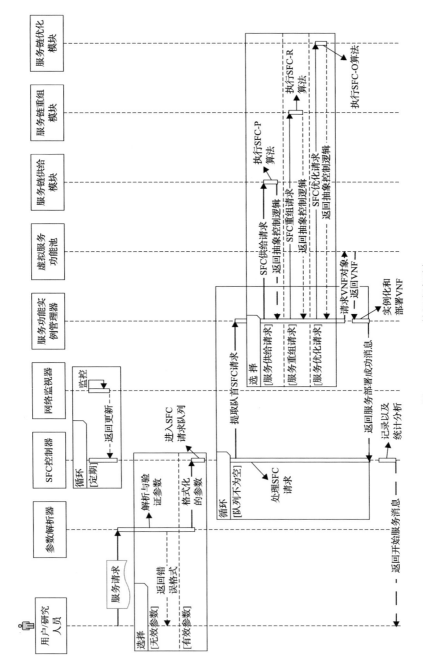

图2.2　INSOFT的运行机制

(5)根据抽象控制逻辑，服务功能实例管理器可能需要部署新的 VNF 来完成服务的编排。这时需要向虚拟服务功能池申请对应的 VNF 对象。部署成功之后，将结果反馈给 SFC 控制器，接收 SFC 控制器的下一条消息。同时，SFC 控制器将对这条成功部署的服务功能链的相关信息(包括时延、抖动等)进行统计。最后，SFC 控制器通知用户该服务已经开启。

然而，实际的服务编排结构远比图 2.2 所展示的要复杂，为了便于理解，本节只给出了 INSOFT 的核心流程。另外，带箭头的粗线条清楚地表示出完整的服务功能链供给过程，该流程可以被对应地映射到服务功能链重组和优化过程。

2.4 仿 真 实 验

本节采用一台 x86 架构、2.2×4GHz CPU、8GB RAM、Ubuntu 操作系统的笔记本电脑作为 INSOFT 的仿真环境。拟采用的网络拓扑为 Internet 2.0，如图 2.3 所示，具有 64 个节点和 75 条链路。鉴于 INSOFT 旨在实现 VNF 和 PNF 混合情况下的服务功能链编排。因此，假设其中有 8 个节点为 NFV 节点，提供 VNF 运行的环境，6 个节点为专用设备节点，提供 PNF 类型的网络功能。这 14 个节点均匀分布在 Internet 2.0 中，其他节点则只具备数据转发功能。为了统一标准，将所有的资源进行量化处理。每条链路上的资源(如带宽)和每个服务节点上的资源(如 CPU 和内存)都服从[100,150]的均匀分布。服务功能链的请求数目为 1000 条，它们所要求的服务功能数目服从[2,10]的均匀分布，其生命周期服从[200,1200]的均匀分布。每条服务功能链对于节点资源和链路资源的需求分别服从[1,20]和[1,50]的均匀分布。

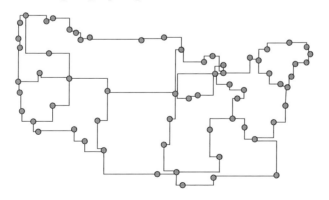

图 2.3 Internet 2.0 拓扑结构

在对 INSOFT 进行评估的过程中，会根据服务请求的类型而调用具体的编排算法。不同的算法有不同的侧重点，因此，其他具体的参数设置详见后续章节。本节只从 INSOFT 的角度进行仿真与评估，主要评估内容包括系统的有效性、可扩展性和鲁棒性。这三个方面的验证基于服务拒绝率和节点(提供网络服务功能的节点)使用率这两个指标。另外，从相关性和开源的角度考虑，本节拟采用 ETSO 和 CoordVNF 作为基准的服务编排框架，用于与 INSOFT 进行对比和分析。

2.4.1 有效性

为了验证 INSOFT 的有效性，本节仅对 INSOFT 输入服务供给请求。因此，只需要调用 SFC-P 算法满足用户的初始化需求即可，这种情形使用 P 表示。在 P 情形下三种服务编排框架的服务拒绝率(图中标记为 SFC)和节点使用率(图中标记为 Node)如图 2.4 所示。首先，对于 INSOFT，可以观察到其服务拒绝率从时间单元 1200 处开始上升，说明此刻的节点使用率已经趋近于饱和。对比观察另一组数据，可以得到相对应的结论。这从一定程度上说明了 INSOFT 的合理性。另外，通过对比 INSOFT 和两种基准框架的服务拒绝率，尽管 INSOFT 的服务拒绝率略高，但其差别并不大，均处于 10%以下。综合考虑这两种结果，一定程度上说明了 INSOFT 的有效性。

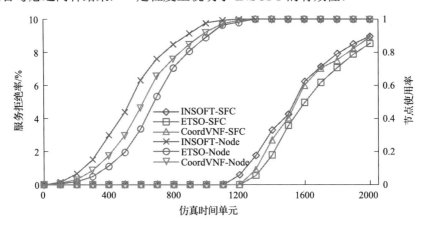

图 2.4　P 情形下三种服务编排框架的服务拒绝率和节点使用率

2.4.2 可扩展性

INSOFT 支持对服务功能链进行扩展。为了验证这一点，针对每条成功部署的服务功能链，会随机产生一条服务重组请求。具体要求为在该服务功能链的服务路径上增加一个(或多个)功能，或者删除已经存在的一个(或多个)功能。这种情况需要调用 SFC-P 和 SFC-R 算法，因此使用 P+R 表示。P+R 情形下的服务拒绝率如图 2.5 所示。相较于 ETSO 和 CoordVNF，INSOFT 在这种情形下的服务拒绝率更低。究其原因，主要在于 ETSO 和 CoordVNF 仅实现了服务功能链的供给，而 INSOFT 集服务功能链供给与重组机制于一体，能更加有效地应对服务功能链重组请求。另外，为了体现 INSOFT 的可扩展性，将 P+R 情形下得到的服务拒绝率(图 2.5)和在 P 情形下得到的结果(图 2.4)进行比较，通过观察发现，INSOFT 在这两种情况下所取得的服务拒绝率相对稳定，从而说明 INSOFT 能够有效地支持服务功能链的扩展。

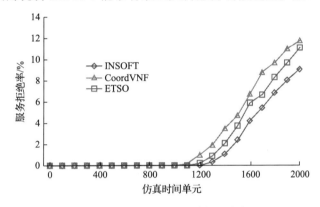

图 2.5　P+R 情形下的服务拒绝率

2.4.3　鲁棒性

在满足用户对服务供给和重组需求的基础上，本节将随机增加部分网络服务节点的负载(提高 30%～70%)，从而达到验证 INSOFT 鲁棒性的目的。这种情况需要同时执行 SFC-P、SFC-R 和 SFC-O 算法，因此使用 P+R+O 表示。P+R+O 情形下的服务拒绝率如图 2.6 所示。和图 2.5 与图 2.4 的结果对比，可以看出 INSOFT 在 P+R+O 情形下的服务拒绝率要比 P 和 P+R 情形下的结果稍微高一点，而另外两种基准框架在 P+R+O 情形下的服务拒绝率要比 P 和 P+R 情形下的结果高很多。考虑到网络服务节点负载的增加，势必会造成一定程度的网络拥塞，从而导致服务拒绝率的提高。将这种差距量化，INSOFT 的服务拒绝率仅提高了 4.8%～5%，而另外两种基准框架分别提高了 25.73%～28.56% 和 17.5%～20%。因此，可以看作 INSOFT 仍然能取得较稳定的服务拒绝率。究其原因，主要在于 INSOFT 会主动通过 VNF 调度或者迁移机制来缓解这种网络拥塞情况，从而保持相对稳定的服务拒绝率。而 ETSO 和 CoordVNF 并没有提供相应的优化措施。

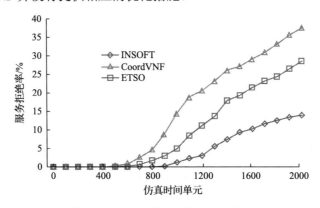

图 2.6　P+R+O 情形下的服务拒绝率

2.5　本　章　小　结

　　尽管 SDN/NFV 背景下的服务功能链编排问题已经引起广泛的注意和研究，但是这些研究的关注点相对都比较分散，无法有效应对 Internet 下种类繁多且动态变化的需求。因此，本章提出了一套一体化的服务功能链编排框架 INSOFT。它分别从服务功能链的供给、重组和优化方面，对服务功能链的编排问题进行研究。针对这三个方面所涉及的具体问题，INSOFT 提供了不同的应对算法。基于 Internet 2.0 的仿真实验表明，相对于其他编排框架，INSOFT 能更加有效地应对网络中各种类型的服务请求和突发流量。

第3章　SDN/NFV 服务功能链供给

SFC 作为 SDN 和 NFV 背景下最重要的概念之一，在诸多网络场景中都有着重要的应用。然而，和传统服务的供给模式不同，SFC 的供给需要考虑到 VNF 的动态部署和流量引导。因此，合理有效的 SFC 供给机制对提高网络性能、降低成本有着直接的影响。

3.1　概　　述

传统网络中的服务供给通常依赖运营商在网络中不同地点部署中间件设备来提供各种各样的网络功能，通过引导流量经过这些中间件设备从而实现服务的供给。除此之外，这些中间件设备的存在也解决了一些严峻的网络问题，如具有防火墙功能的中间件设备能够将一些恶意数据包过滤掉，从而保证网络的安全。因此，这些中间件设备慢慢地变得不可或缺。然而，由于中间件设备所提供的网络功能通常和硬件设备紧密耦合在一起，当数量庞大的中间件设备投入使用之后，这种耦合的特性就会导致诸多问题。例如，中间件设备被固定在网络中且只能提供特定的网络功能、新的中间件设备无法和旧的中间件设备兼容等。在这种情形下，网络运营商将不得不频繁地购买、配置和维护新的设备，从而应对用户多样化的需求。长期这样下去，势必会造成中间件设备数量呈指数增长，并最终导致网络极度僵化以及高额的CAPEX 和 OPEX。

基于 NFV 和 SDN 将软件与硬件分离、解耦的思想，能够有效地缓解甚至解决以上提到的网络问题。具体来说，NFV 将网络功能的实现和硬件分离，从而支持以软件的形式来实现与硬件耦合的网络功能。这种软件形式的网络功能又称为 VNF，它是组成服务功能链的重要部分，可以运行在商用硬件设备上。因此，通过使用商用硬件设备取代专用硬件设备，降低了网络的成本（CAPEX 和 OPEX）。另外，SDN 将网络控制和数据转发解耦，从而实现对网络的全局控制，也为 VNF 的管理和编排（包括初始化、运行、配置、更新、删除等）提供了一个全局的网络视图[3]。通过对外提供可编程接口，支持通过定义和设计抽象逻辑来实现服务功能链的供给。综合考虑这些因素，SDN 和

NFV 的结合能够有效地解决传统网络中的中间件设备所带来的僵化问题，并且加速甚至自动化服务功能链的装配与供给。

　　根据供给模式的不同,本章将介绍 SDN/NFV 下的服务功能链供给问题,同时考虑流量转发和 VNF/PNF 的部署,以及 VNF 与 PNF 之间的互联,从而保证流量严格按照指定的顺序通过这些网络功能(包括 VNF 和 PNF)。图 3.1给出了两条服务功能链的抽象视图。其中, 第一条(虚线)要求通过无线网络接入点(wireless access point, WAP)和网络地址转换器(network address translator, NAT), 第二条(实线)则要求通过防火墙(firewall)和流监视器(flow monitor, FM)。首先, 这四种网络功能可以由集中编排器通过初始化相应的 VNF 对象来实现,而不用去购买新的设备。其次, 给定具体的目标,集中式的网络视图能够帮助控制器决策出最合适的 VNF 部署节点,从而实现服务功能链快速、灵活的供给。

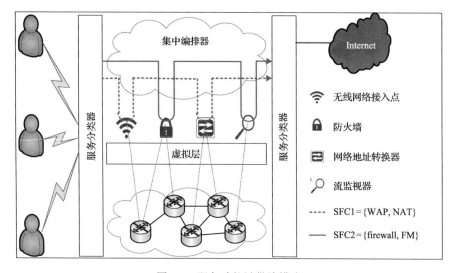

图 3.1　服务功能链供给模式

　　尽管 VNF 的引入为服务功能链的供给带来了高度的灵活性,其动态部署的特性也增加了服务功能链供给的复杂性。究其原因, 服务功能链的供给需要部署 VNF, 不同的部署情况会导致不同的结果。例如, 一方面, 将 VNF 部署到满足其服务需求且总有效资源量最小的节点上将会支持接收更多的大容量服务请求,但可能会引起网络局部拥塞。另一方面, 将 VNF 部署到满足其服务需求且总有效资源量最大的节点上会使网络负载更加均衡,但是可能导致无法应对大容量服务请求。鉴于 VNF 的部署问题已经被许多研究工作证明为 NP 难问题。SFC 的供给过程包括 VNF 的部署，因此，也属于 NP 难问题。

目前，针对服务功能链供给问题，已经存在诸多研究工作。它们通常可以分为算法、架构、测试与验证、综述等。本章从算法的角度出发分析，发现现有的研究工作或者时间复杂度较高，无法在规定的时间内解决大规模网络中的服务功能链供给问题，或者会导致比较尴尬的局部最优情况。并且，这些研究工作通常都假设所有服务功能链供给请求同时到达，从而进行集中处理。然而，这种假设并不符合实际情况。此外，这些研究基本上只关注服务功能链供给问题的某一方面。鉴于虚拟网络请求和服务功能链请求有着本质的区别，这类研究在实际应用中并不能取得有效的结果。

本章提出用于解决数据中心之间的服务功能链供给算法 SFC-P。首先，基于 Google 网页排序思想 PageRank，SFC-P 算法可以计算每个节点的全局连通性，从而起到衡量网络功能(通常为 VNF)与底层部署节点的匹配度的作用。其次，通过监测每个节点的剩余有效资源和网络功能的需求资源，SFC-P 算法采用负载均衡机制从另一方面来衡量节点与 VNF 之间的匹配度。最终，综合考虑这两种因素，可以得出最佳的部署方案。

3.2　服务功能链供给框架结构

本章提出的服务功能链供给结构如图 3.2 所示，主要包括三个阶段，即数据流量转发路径计算(traffic forwarding path calculation, TFPC)、服务功能部署(service function deployment, SFD)和流量引导(traffic steering, TS)。顾名思义，TFPC 负责计算数据流量的转发路径，SFD 负责服务功能的部署，TS 负责引导数据流量依次通过对应的功能。尽管结构一样，针对单播服务功能链供给和多播服务功能链供给的处理过程却不同。首先，对于单播服务功能链，TFPC 计算出的结果为一条单独的路径。而对于多播服务功能链，TFPC 则计算的结果是一棵多播转发树。其次，对于单播服务功能链需求的任意功能，SFD 只需要部署一个实例。而在多播服务功能链情况下，对于任意的服务功能，SFD 可能需要部署多个实例来满足不同用户的需求。

根据 TFPC 和 SFD 的执行顺序不同，目前主要有两种工作流程，如图 3.2 所示。对于第一种(虚线)，先构造流量转发路径，再进行服务功能部署。在这种情况下，能够灵活地沿着转发路径增加或者删除相应的服务功能。相反，第二种(实线)工作流程需要在构造转发路径之前部署好服务功能。这就导致

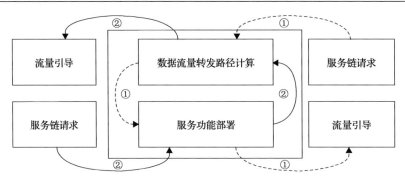

图 3.2　服务功能链供给结构

转发路径的计算将极大程度上受限于服务功能在网络中的部署位置，从而导致运维成本的增加以及灵活性的降低。出于这些因素，本章采用先计算转发路径，再进行服务功能部署的工作方式。

3.3　服务功能链供给模型与算法

为了清楚地描述服务功能链供给问题，本章首先将该问题描述为整数线性规划(integer linear programming, ILP)模型。基于该模型，求得服务功能链供给的最优解。再针对求解 ILP 模型耗时长的缺点，进一步提出基于网页排序思想的启发式算法来求解服务功能链供给过程中的功能部署问题。

3.3.1　问题与模型

1. 物理网络

物理网络被抽象为一个无向图 G，它具有一个物理节点集合 N 和一个物理链路集合 L。其中，物理节点集合 N 具有 n 个元素，具体描述为 $N = \{N_i \mid i \in [1,n]\}$。对于每个物理节点 N_i，它可以是一个交换机或者一个服务器。为了表示这种区别，定义数学函数 Ntype 为

$$\text{Ntype}(N_i) = \begin{cases} 0, & N_i\text{是交换机} \\ 1, & N_i\text{是服务器} \end{cases}, \quad \forall N_i \in N \tag{3.1}$$

假设每个服务器节点具有 W 种物理资源(如 CPU、内存等)，那么，对于任意 N_i，如果 $\text{Ntype}(N_i) = 1$，该节点的剩余有效资源用 $R_{N_i}^w (\forall w \in [1,W])$ 表示。

另外，假设这些服务器节点由通用硬件设备组成，并且能够提供各种 VNF 运行的环境。同样，物理链路集合 L 具有 m 个元素，具体描述为 $L = \{L_j \mid j \in [1,m]\}$。对于每条物理链路 L_j，通常考虑它的带宽资源和时延属性，分别使用 R_{Lj} 和 D_{Lj} 表示。资源的使用会导致一定成本，因此，每个单元的节点和链路资源成本分别用 $C_{N_i}^w$ 和 C_{Lj} 表示。

2. 服务功能链请求

网络中存在各种各样的服务功能链请求，将这些请求表示为一个集合 $\Psi = \{\Psi_p \mid p \in [1,|\Psi|]\}$。其中，$\Psi_p$ 表示的是第 p 条服务功能链请求。对于每条服务功能链请求，可以使用一个四元组表示为

$$\Psi_p = \{s_p, F_p, d_p, \delta_p\} \tag{3.2}$$

式中，s_p 表示该请求的源节点；F_p 表示需求的服务功能集合；d_p 表示目的节点；δ_p 表示最大允许时延。特别地，服务功能集合具体描述如下：

$$F_p = \{f_p^q \mid q \in [1,|F_p|]\} \tag{3.3}$$

式中，f_p^q 表示 Ψ_p 所要求的第 q 个服务功能。然而，每个 f_p^q 都需要一定量的节点和链路资源才能被初始化和执行。因此，对于 f_p^q，使用 $R_{f_p^q}^w$ 表示其需要的最小节点资源。对于 Ψ_p，使用 R_{F_p} 来表示其流量传输所需要的最小带宽资源。更重要的是，出于对安全和资源冲突的考虑，假设任意两条服务功能链之间不会共享同一个已经部署的 VNF 实例。

3. 服务功能链部署

服务供给过程中最重要的步骤之一是如何选择 VNF 的部署位置，再基于虚拟化技术将 VNF 部署到相应节点的虚拟机或者容器环境中。

给定任意的服务功能链请求 Ψ_p，它所需要的 $|F_p|$ 个服务功能都会被映射到物理服务器节点上。以 f_p^q 为例，底层网络中可能有多个物理服务器节点能够满足该 VNF 的需求，使用集合符号 $H_p^q \subseteq N$ 来表示这些节点。那么，为了建立 f_p^q 与物理服务器节点之间的映射关系，需要从 H_p^q 中选择一个最合适的节点，假设用 h_q 表示。在这种情况下，Ψ_p 的部署方案具体描述如下：

$$\{h_1, h_2, \cdots, h_{|F_p|}\} \in H_p^1 H_p^2 \cdots H_p^{|F_p|} \tag{3.4}$$

式中，$h_q \in H_p^q$ 表示运行着 f_p^q 的物理服务器节点。尽管如此，每个服务功能的部署和运行都会造成一定的成本，用 $C_{f_p^q}$ 表示。

4. 目标函数

本章的目标在于最小化服务功能链供给的成本。通常而言，实现的服务功能链请求越多，其收益越高。然而，物理资源的消耗也和整体网络成本成正比。为了规划出本章的目标，先定义一个二进制变量表示 VNF 与物理服务器节点之间的映射关系，具体如下：

$$X_{p,q}^i = \begin{cases} 1, & N_i\text{上部署了}f_p^q \\ 0, & N_i\text{上未部署}f_p^q \end{cases} \tag{3.5}$$

除了需要建立 VNF 与物理服务器节点之间的映射关系之外，还需要考虑 VNF 之间的连接问题。为此，定义另外一个二进制变量来表示虚拟链路(用于连接 VNF)与物理链路之间的映射关系，具体描述如下：

$$Y_{p,q}^j = \begin{cases} 1, & L_j\text{被}\Psi_p\text{所占用} \\ 0, & L_j\text{未被}\Psi_p\text{占用} \end{cases} \tag{3.6}$$

特别地，当 $Y_{p,q}^j = 1$ 时，又可以进一步分为以下三种情况：

$$q = \begin{cases} 0, & L_j\text{连接}s_p\text{和}f_p^1 \\ |F_p|, & L_j\text{连接}d_p\text{和}f_p^q \\ \text{其他}, & L_j\text{连接}f_p^q\text{和}f_p^{q+1} \end{cases} \tag{3.7}$$

根据以上定义的符号和变量，将目标函数规划如下：

$$\min: \text{cost} = \sum_{p\in[1,|\Psi|]}\sum_{q\in[1,|F_p|]}\sum_{N_i\in N}\sum_{w\in[1,W]}(R_{f_p^q}^w C_{N_i}^w X_{p,q}^i) \\ + \sum_{p\in[1,|\Psi|]}\sum_{q\in[1,|F_p|]}\sum_{L_j\in L}(R_{F_p}C_{L_j}Y_{p,q}^j) + \sum_{p\in[1,|\Psi|]}\sum_{q\in[1,|F_p|]}C_{f_p^q} \tag{3.8}$$

式中，第一部分表示物理节点资源消耗成本；第二部分表示链路资源消耗成本；第三部分表示 VNF 的部署成本。

5. 约束条件

目标函数的求解需要考虑诸多条件。为了得出有效解，必要的约束条件规划如下：

$$\sum_{p\in[1,|\Psi|]}\sum_{q\in[1,|F_p|]}(R_{f_p^q}^w X_{p,q}^i)\leqslant R_{N_i}^w,\quad \forall \mathrm{Ntype}(N_i)=1,\quad w\in[1,W] \tag{3.9}$$

$$\sum_{p\in[1,|\Psi|]}\sum_{q\in[1,|F_p|]}(R_{F_p}Y_{p,q}^j)\leqslant R_{L_j},\quad \forall L_j\in L \tag{3.10}$$

$$\sum_{L_j\in L}(D_{L_j}Y_{p,q}^j)\leqslant \delta_p,\quad \forall p,q>0 \tag{3.11}$$

$$X_{p,q}^i - X_{p,q'}^i \neq 0,\quad \forall q\neq q' \tag{3.12}$$

$$\sum_{N_i\in N}X_{p,q}^i\leqslant 1,\quad \forall p,q>0 \tag{3.13}$$

$$\sum_{L_j\in L}Y_{p,q}^j\leqslant 1,\quad \forall p>0,q\geqslant 0 \tag{3.14}$$

其中，式(3.9)表示分配出去的节点资源量不能超过物理节点本身所具有的总资源量；式(3.10)表示分配出去的带宽资源不能超过物理链路本身所具有的总带宽量；式(3.11)表示整体时延不能超过该服务功能链请求的最大允许时延；式(3.12)表示属于同一条服务功能链的两个 VNF 不能被映射到同一个物理节点上(避免产生环路)；式(3.13)表示一个 VNF 只能被部署到最多一个物理节点上；式(3.14)表示在源节点 s_p 与目的节点 d_p 之间最多存在一条路径。

3.3.2 服务功能链供给算法

鉴于 ILP 模型的求解时间通常随着网络规模的增长呈指数增长趋势，并不适合在大规模网络中采用这种手段。因此，本章提出了一种基于 PageRank 的启发式算法，用于解决求解 ILP 模型时间长的问题。该启发式算法也称为 SFC-P 算法。为了清楚地介绍该启发式算法，本章首先介绍服务功能链供给问题与 PageRank 之间的关系，再详细介绍服务供给的过程。

1. 服务功能链供给问题与 PageRank

PageRank 算法最初用于网页搜索领域，它提供了一种机制计算每个网页的重要程度。通过量化这种重要程度，从而提供了对网页进行排序的参考基准。例如，对于用户的一次点击(click)，可能存在很多页面能够满足用户需求的情况。PageRank 算法根据每个页面的链入度和链出度计算其重要程度(反映出相关度)。通过该值对这些候选网页进行排序，再根据排序的结果将最相关的网页呈现给用户。如果将 Web 抽象为一个图，其中的每个网页可以看作一个节点，网页上的链接可以看作对应的链路。由此，网页排序问题可以抽象为图模型，并使用 PageRank 算法进行求解。根据基于前面介绍的问题模型，服务功能链供给问题也可以抽象为图。如果给定服务请求 Ψ_p，将其要求的每个服务功能 f_p^q 看作一次点击，那么 F_p 就等价于一系列连续的点击。而 f_p^q 的所有候选物理节点则可以看作满足一次点击请求的后台网页。综合考虑这些因素，可以利用 PageRank 算法来对服务功能链供给问题进行求解。

基于 PageRank 算法，既可以进行网页排序，也可以建立 VNF 与物理网络节点之间的映射关系，从而辅助制定 VNF 的部署方案。通过全面考虑网络部署的实际情况，为 VNF 的每个候选部署节点定义一个衡量其重要程度的值。通过对这个重要值进行排序，从而决策出 VNF 的部署节点。本章将从两方面来衡量节点的重要程度，分别为全局因子(网络连通性)和局部因子(节点自身的能力)，接下来分别对这两方面内容进行介绍。

2. 全局因子计算

全局因子指的是节点在网络中的全局连通性，主要用于衡量节点在当前网络中的连通状态，具体定义如下。

定义 3.1　全局因子使用符号 GF 表示，它是一组数值集合，用于反映不同节点在进行 VNF 部署时的重要程度，具体描述如下：

$$GF = \{GF(N_i)|N_i \in N\} \tag{3.15}$$

式中，$GF(N_i)$ 表示节点 N_i 在网络中的连通性。对于每个 $GF(N_i)$，其初始值与带宽资源、时延等因素有关，具体描述如下：

$$\mathrm{GF}(N_i) \propto \sum \frac{R_{L_j}}{D_{L_j}}, \quad \forall N_i \text{是} L_j \text{的端点}$$　　(3.16)

根据式 (3.16)，$\mathrm{GF}(N_i)$ 的初始值正比于带宽资源 R_{L_j}，反比于链路时延 D_{L_j}。然而，该初始值只反映了当前节点与其邻接网元设备(如节点或者链路)之间的连通性，无法反映出全局情况。因此，需要进行迭代计算，将网络全局连通性收敛到 $\mathrm{GF}(N_i)$。考虑到存在多次迭代的情况，分别将得到的结果记为 $\{\mathrm{GF}_0(N_i), \mathrm{GF}_1(N_i), \cdots, \mathrm{GF}_\xi(N_i), \cdots\}$。假设每个节点都会将其 GF 值均匀地分配给邻接的其他节点，这也就意味着该节点同时能接收其他节点的 GF 值。通过不断地传递 GF 值，最终达到一个稳定状态，即收敛。为了方便计算，引入另外一个二进制变量 $S_i^{i'} = \{0,1\}, \forall i \neq i'$。其中，$S_i^{i'} = 1$ 表示节点 N_i 与节点 $N_{i'}$ 相邻；否则，不相邻。由此，节点 N_i 的邻接节点数目 $\mathrm{adj}(N_i)$ 为

$$\mathrm{adj}(N_i) = \sum_{\forall i' \neq i, i' \in [1,n]} S_i^{i'}$$　　(3.17)

基于以上定义的初始值和函数，迭代过程的具体描述如下：

$$\mathrm{GF}_\xi(N_i) = \sum_{\forall i' > 0, S_i^{i'} = 1} \frac{\mathrm{GF}_{\xi-1}(N_{i'})}{\mathrm{adj}(N_{i'})}$$　　(3.18)

由于网络拓扑假设为稳定的，式 (3.18) 的迭代过程可能会陷入无限变大或者变小的情况。为了避免这种情况，引入了一个阻尼系数 $\rho \in [0,1]$。于是，式 (3.18) 重新定义如下：

$$\mathrm{GF}_\xi(N_i) = (1-\rho) + \rho \sum_{\forall i' > 0, S_i^{i'} = 1} \frac{\mathrm{GF}_{\xi-1}(N_{i'})}{\mathrm{adj}(N_{i'})}$$　　(3.19)

式中，$\mathrm{GF}_\xi(N_i)$ 表示节点 N_i 第 ξ 次迭代的结果。因此，基于定义 3.1 和式 (3.19)，可以将第 ξ 次迭代的全局因子集合 GF_ξ 描述为 $n \times 1$ 的矩阵：

$$\mathrm{GF}_\xi = [\mathrm{GF}_\xi(N_1), \mathrm{GF}_\xi(N_2), \cdots, \mathrm{GF}_\xi(N_n)]^{\mathrm{T}}$$　　(3.20)

将式 (3.19) 代入式 (3.20) 中，得

$$
\begin{aligned}
\mathrm{GF}_{\xi} = &\left[(1-\rho) + \rho \sum_{\forall i'>0, S_1^{i'}=1} \frac{\mathrm{GF}_{\xi-1}(N_{i'})}{\mathrm{adj}(N_{i'})}, \right. \\
&\left. (1-\rho) + \rho \sum_{\forall i'>0, S_2^{i'}=1} \frac{\mathrm{GF}_{\xi-1}(N_{i'})}{\mathrm{adj}(N_{i'})}, \cdots, (1-\rho) + \rho \sum_{\forall i'>0, S_n^{i'}=1} \frac{\mathrm{GF}_{\xi-1}(N_{i'})}{\mathrm{adj}(N_{i'})} \right]^{\mathrm{T}} \\
= &[1-\rho, 1-\rho, \cdots, 1-\rho]^{\mathrm{T}} \\
&+ \rho \left[\sum_{\forall i'>0, S_1^{i'}=1} \frac{\mathrm{GF}_{\xi-1}(N_{i'})}{\mathrm{adj}(N_{i'})}, \sum_{\forall i'>0, S_2^{i'}=1} \frac{\mathrm{GF}_{\xi-1}(N_{i'})}{\mathrm{adj}(N_{i'})}, \cdots, \sum_{\forall i'>0, S_n^{i'}=1} \frac{\mathrm{GF}_{\xi-1}(N_{i'})}{\mathrm{adj}(N_{i'})} \right]^{\mathrm{T}}
\end{aligned}
\tag{3.21}
$$

为了简化式(3.21)，首先定义图 G 的概率转移矩阵 M 为

$$
M = \begin{bmatrix}
\dfrac{s_1^1}{\mathrm{adj}(N_1)} & \dfrac{s_2^1}{\mathrm{adj}(N_2)} & \cdots & \dfrac{s_n^1}{\mathrm{adj}(N_n)} \\
\dfrac{s_1^2}{\mathrm{adj}(N_1)} & \dfrac{s_2^2}{\mathrm{adj}(N_2)} & \cdots & \dfrac{s_n^2}{\mathrm{adj}(N_n)} \\
\vdots & \vdots & & \vdots \\
\dfrac{s_1^n}{\mathrm{adj}(N_1)} & \dfrac{s_2^n}{\mathrm{adj}(N_2)} & \cdots & \dfrac{s_n^n}{\mathrm{adj}(N_n)}
\end{bmatrix}
\tag{3.22}
$$

对于式(3.22)，需要注意的是，M 的每一列相加之和为 1，即 $\sum\limits_{i' \in [1,n]} \dfrac{s_i^{i'}}{\mathrm{adj}(N_i)} = 1, \forall N_i \in N$。于是，利用 M 将式(3.21)简化如下：

$$
\begin{aligned}
\mathrm{GF}_{\xi} &= (1-\rho)E^{\mathrm{T}} + \rho M [\mathrm{GF}_{\xi-1}(N_1), \mathrm{GF}_{\xi-1}(N_2), \cdots, \mathrm{GF}_{\xi-1}(N_n)]^{\mathrm{T}} \\
&= (1-\rho)E^{\mathrm{T}} + \rho M \mathrm{GF}_{\xi-1}
\end{aligned}
\tag{3.23}
$$

式中，E 表示单位矩阵；M 表示概率转移矩阵。基于式(3.23)，可以通过简单的矩阵运算进行迭代计算，从而提高计算效率。不断按照式(3.23)进行重复计算，直到所有节点的全局因子不再变化。至此，就计算得到了每个节点相对稳定的网络连通性。具体的计算过程如算法 3.1 所示。计算过程以图 3.1 所示的 5 节点拓扑为例，假设都为服务器节点，那么其概率转移矩阵为

$$M = \begin{bmatrix} 0 & 1 & 1/3 & 1/3 & 0 \\ 1/3 & 0 & 0 & 0 & 0 \\ 1/3 & 0 & 0 & 1/3 & 1/2 \\ 1/3 & 0 & 1/3 & 0 & 1/2 \\ 0 & 0 & 1/3 & 1/3 & 0 \end{bmatrix}$$

假设该拓扑的初始全局因子 $GF_0 = [1,1,1,1,1]^T$ 以及阻尼系数 $\rho = 0.5$，将这些数据代入式 (3.23) 进行迭代计算。在迭代 15 次之后，停止计算，即 $GF_{14} = GF_{15} = [1.2197, 0.73297, 1.1044, 1.1044, 0.868132]^T$。全局因子数值较大的节点意味着它具有相对更好的网络连通性。特别地，第三个和第四个节点的全局因子相同，这是因为它们具有完全一样的邻居节点且当前并没有考虑网络带宽等因素。

算法 3.1 全局因子计算

输入：阻尼系数 ρ，网络拓扑图 G

输出：全局因子集合 GF_ξ

开始

1: **for** $i \in [1, n]$ **do**

2:    $GF_0(N_i) \leftarrow$ 根据 G 计算初始化的全局因子；

3: **end for**

4: $GF_0 \leftarrow [GF_0(N_1), GF_0(N_2), \cdots, GF_0(N_n)]^T$；

5: 根据式 (3.22) 创建转移矩阵 M；

6: $\xi \leftarrow 1$；

7: **while** $\xi = 1 \| GF_\xi \neq GF_{\xi-1}$ **do**

8:    $GF_\xi \leftarrow$ 根据参数 M、ρ 和式 (3.23)；

9:    ξ++；

10: **end while**；

11: 返回 GF_ξ；

结束

---

3. 局部因子计算

除了反映网络连通性的全局因子之外，反映本地能力的局部因子对于选择 VNF 的部署节点也十分重要。例如，对于一个具有良好网络连通性的物理节点，如果它的剩余可用资源被占用完，就无法在其上部署更多的 VNF，那么该节点也就不能作为备选的 VNF 部署节点之一。基于这点，本节给出局部因子的概念，定义如下。

定义 3.2　局部因子使用符号 LF 表示，它是一组数值集合，用于反映节点本身的能力，具体描述如下：

$$LF = \{LF(N_i) \,|\, N_i \in N\} \tag{3.24}$$

式中，$LF(N_i)$ 表示节点 N_i 自身的能力，主要和剩余有效资源（如 CPU 和内存）相关。因此，$LF(N_i)$ 具体展开如下：

$$LF(N_i) = \prod_{w \in [1,W]} (R_{N_i}^w - R_{f_p^q}^w), \quad \forall N_i \in N, \quad f_p^q \in F_p \tag{3.25}$$

根据定义 3.2 和式 (3.24)，可以计算得到所有节点的局部因子，即 $LF = \{LF(N_1), LF(N_2), \cdots, LF(N_n)\}$。另外，由于节点资源和服务需求通常是固定的，局部因子的计算不需要迭代过程，具体的伪代码见算法 3.2。

算法 3.2　局部因子计算

输入：节点能力 $R_{N_i}^w$，功能集合 F_p

输出：局部因子集 LF

开始

1:　**for** $i \in [1,n]$ **do**

2:　　$LF(N_i) \leftarrow 1$；

3:　　**for** $w \in [1,W]$ **do**

4:　　　　$LF(N_i) \leftarrow LF(N_i)(R_{N_i}^w - R_{f_p^q}^w)$；

5:　　**end for**

6:　**end for**

7:　LF←根据式 (3.25) 计算局部因子集合；

8:　返回 LF；

结束

---

4. VNF 部署

根据定义 3.1 和定义 3.2，全局因子 GF 用于衡量节点的网络连通性，局部因子 LF 用于衡量节点自身的能力。它们共同决定 VNF 的部署方案。因此，本节将它们进行整合,构造一个决策因子,具体定义如下。

定义 3.3 决策因子用符号 DF 表示,它是一组数值集合,反映了不同物理节点与 VNF 之间的匹配关系,具体描述为

$$\mathrm{DF} = \{\mathrm{DF}(N_i) \mid i \in [1, n]\} \tag{3.26}$$

式中,$\mathrm{DF}(N_i)$ 表示节点 N_i 的决策因子。由于 GF 值越高,节点连通性越好,LF 值越高,节点剩余资源越多。给定节点 N_i,具体的 $\mathrm{DF}(N_i)$ 形式如下:

$$\mathrm{DF}(N_i) = \mathrm{GF}(N_i) + \alpha \mathrm{LF}(N_i) \tag{3.27}$$

式中,α 用于对 GF 和 LF 进行权衡;$\mathrm{GF}(N_i)$ 表示迭代稳定之后的全局因子。结合式 (3.26) 和式 (3.27),对 DF 进行扩展:

$$\begin{aligned}
\mathrm{DF} &= \{\mathrm{DF}(N_1), \mathrm{DF}(N_2), \cdots, \mathrm{DF}(N_n)\} \\
&= \{\mathrm{GF}(N_1) + \alpha \mathrm{LF}(N_1), \mathrm{GF}(N_2) + \alpha \mathrm{LF}(N_2), \cdots, \mathrm{GF}(N_n) + \alpha \mathrm{LF}(N_n)\} \\
&= \{\mathrm{GF}(N_1), \mathrm{GF}(N_2), \cdots, \mathrm{GF}(N_n)\} + \alpha \{\mathrm{LF}(N_1), \mathrm{LF}(N_2), \cdots, \mathrm{LF}(N_n)\} \\
&= \mathrm{GF} + \alpha \mathrm{LF}
\end{aligned} \tag{3.28}$$

基于式 (3.23)、式 (3.25) 和式 (3.28),可以建立起物理节点与待部署的服务功能之间的匹配关系。于是,给定服务功能链请求 Ψ_p 及其功能需求 F_p、f_p^q 的候选部署节点集为 H_p^q,那么,H_p^q 中与 f_p^q 匹配度最高的节点就会被选择为对应的部署节点,具体的伪代码如算法 3.3 所示。

算法 3.3   服务功能部署

输入:全局因子集 GF,局部因子集 LF,服务功能链请求 Ψ_p

输出:部署方案 $\{h_1, h_2, \cdots, h_{|F_p|}\}$

开始

1: **for** $j \in F_p$ **do**

2:      DF←根据 GF、LF 以及式 (3.28) 为 f_p^q 计算决策因子集;

3:      max←0;

4:      id←1;

5:      **for** $i \in [1, n]$ **do**

6:          **if** max $\leqslant \mathrm{DF}(N_i)$ **do**

7:　　　　　$\text{max} \leftarrow \text{DF}(N_i)$;

8:　　　　　$\text{id} \leftarrow i$;

9:　　　**end if**

10:　　**end for**

11:　　$h_j = N_{id}$;

12:　**end for**

13:　返回 $\{h_1, h_2, \cdots, h_{|F_p|}\}$;

结束

5. 流量引导

基于以上步骤，将服务功能部署到相应的节点上之后，需要引导对应的流量按顺序通过这些服务功能，从而实现服务的供给。因此，流量引导也可以看作建立服务功能路径(service function path, SFP)的过程。为了建立 SFP，本节采用最短路径算法进行路由计算。考虑到服务功能之间存在着严格的顺序依赖关系，采取分段机制来逐次建立邻接 VNF 之间的网络连接。

基于已经计算得到的服务功能部署方案，即 $\{h_1, h_2, \cdots, h_{|F_p|}\}$ (h_p 上运行着服务功能 f_p^q)，需要将 Ψ_p 的流量引导通过这些节点，实现服务功能的交付。对于完整的服务功能链请求，还需要考虑其源节点和目的节点。为此，分别使用 h_0 和 $h_{|F_p|+1}$ 表示 Ψ_p 的源节点和目的节点，对应的部署方案变为 $\{h_1, h_2, \cdots, h_{|F_p|}, h_{|F_p|+1}\}$。按照这个顺序，分段建立连接，即 (h_0, h_1)、(h_1, h_2) 等。重复建立连接的过程，直至源节点(h_0)和目的节点($h_{|F_p|+1}$)相连通。

通常来说，任意两个节点之间都存在多条路径。为了保证负载均衡，给定任意两个节点，先采用最短路径算法计算前 K 条最短路径，分别表示为 $\{\text{path}_1, \text{path}_2, \cdots, \text{path}_K\}$。对于每条路径，它可能由多条链路组成，其有效带宽资源分别为 $\{R_{L_{k,1}}, R_{L_{k,2}}, \cdots\}(\forall k \in [1, K])$。给定一条服务功能链请求 Ψ_p，它所要求的最小带宽为 R_{F_p}。为了实现服务供给，首先，所选择物理路径上的带宽资源必须足够，可以表示为

$$(\min\{R_{L_{k,1}}, R_{L_{k,2}}, \cdots\} - R_{F_p}) > 0 \qquad (3.29)$$

另外，为了尽量避免出现网络拥塞，具有最大有效带宽资源的路径将会被选择组成 Ψ_p 服务功能路径的一部分，描述如下：

$$\max\{\min\{R_{L_{k,1}}, R_{L_{k,2}}, \cdots\} - R_{F_p}\}, \quad \forall k \in [1, K] \tag{3.30}$$

通过不断重复式(3.29)和式(3.30)，就能为 Ψ_p 计算出一条具有负载均衡特性的服务功能路径，具体的伪代码见算法 3.4。

算法 3.4　流量引导

输入： VNF 部署方案 $\{h_1, h_2, \cdots, h_{|F_p|}, h_{|F_p|+1}\}$

输出： 服务功能路径

开始

1:　初始化 SFP 为空集；

2:　**for** $q \in [0, |F_p|]$ **do**

3:　　max←0；

4:　　id←1；

5:　　**for** $k \in [1, K]$ **do**

6:　　　path_k←使用最短路径算法计算 h_q 和 h_{q+1} 之间的第 k 条最短路径；

7:　　　**if** max ≤ $(\min\{R_{L_{k,1}}, R_{L_{k,2}}, \cdots\} - R_{F_p})$ **do**

8:　　　　max ← $\min\{R_{L_{k,1}}, R_{L_{k,2}}, \cdots\} - R_{F_p}$；

9:　　　　id←k；

10:　　　**end if**

11:　　**end for**

12:　　使用服务路径 path_k 建立 h_q 和 h_{q+1} 之间的连接；

13:　　将服务路径 path_k 添加至 SFP 中；

14:　**end for**

15: 返回 SFP；

结束

本章提出的算法 SFC-P 基于全局因子和局部因子来实现服务功能链的供给。基于 SDN 的集中控制和全网视图，该算法能够快速地发现网络状态的变化。考虑这样一种情况，当网络中的某个节点失效时，通过集中控制检测到该变化，从而 SFC-P 会将这些节点的全局因子和局部因子置为 0。如此一来，该节点的 DF 值也将变为 0，从而有效地避免了将服务功能部署在该节点上，或者依赖该节点建立服务路径，在一定程度上实现了服务供给的可靠性。尽管如此，可靠性并不在本章所讨论的范围内。

3.4　仿　真　实　验

本节主要介绍仿真参数和结果。从相关性和最新性的角度考虑，所采用的基准对比算法分别为多阶段方案(multi-stage approach, MA)、贪心(Greedy)算法、特征分解(eigendecomposition, EM)算法、列生成(column generation, CG)法。评价机制包括运行时间、整体成本、时延和吞吐量。

3.4.1　参数设置

为了对本章提出的 SFC-P 算法进行评估，基于 C++语言实现了一个离散事件仿真器，它将所有的网络状态转换为对应的事件并存储在优先级队列中。通过不断地随机生成服务功能链请求事件，同时不断地从优先级队列中提取队首事件进行处理，实现网络的运转。另外，采用 GLPK 工具对提出的 ILP 模型进行求解。

为了验证 SFC-P 算法的扩展性，本节从拓扑园选择了四种不同规模的拓扑结构，分别为网络Ⅰ(12 个节点和 15 条链路)、网络Ⅱ(24 个节点和 37 条链路)、网络Ⅲ(110 个节点和 148 条链路)和网络Ⅳ(1157 个节点和 2930 条链路)，具体如表 3.1 所示，其中的 NFV 服务器数表示能够提供 VNF 运行环境的节点数目。

表 3.1　网络拓扑结构

拓扑结构	网络Ⅰ	网络Ⅱ	网络Ⅲ	网络Ⅳ
物理节点数/个	12	24	110	1157
物理链路数/条	15	37	148	2930
NFV 服务器数/个	3	5	10	50

由于每个物理节点都具有相应的横纵坐标，所以可以计算出任意两个直接相连的节点之间的物理距离。每条链路的时延根据实际的物理距离来进行设定。为了方便，将物理资源进行量化，假设物理节点资源(如 CPU 和内存)和链路资源(如带宽)服从[100,150]的均匀分布。服务功能链请求的到达服从泊松分布，平均到达速率为每 100 个时间单元到达 5 条请求。每条服务功能链请求对服务功能的需求数量服从[2,10]的均匀分布，且每个服务功能的类型随机决定。对于每个服务功能，它所要求的节点资源服从 1~20 个单元之间的均匀分布。同样，它所需求的链路资源服从 1~50 个单元之间的均匀分布。

基于现有研究，将阻尼系数 ρ 设置为 0.7，从而尽量减少迭代次数，提高计算效率。考虑到全局因子对于部署节点的选择相对于局部因子来说更为重要，因此，将用于平衡全局因子和局部因子的参数 α 设定为 0.4。任意节点对之间采用最短路径算法计算前 5 条路径，即 $K=5$。最后，仿真所采用的硬件环境是一台 64 位 Ubuntu 系统的 PC，Intel i5 内核，2.2×4GHz CPU 和 8GB RAM。

3.4.2　实验结果

1. 迭代次数

SFC-P 算法通过引入阻尼系数来减少算法所需迭代的次数，从而尽快收敛到稳定状态。因此，有必要研究阻尼系数与迭代次数之间的关系。为此，本节选择网络Ⅰ、网络Ⅱ和网络Ⅲ作为实验拓扑，通过设置不同的 ρ 值进行仿真实验，具体结果如图 3.3 所示。显然，迭代次数随着网络规模的增加而增加。另外，通过整体观察图 3.3，发现迭代次数的变化趋势在网络Ⅰ、网络Ⅱ和网络Ⅲ中保持一致。具体为在 ρ=0.6 之前单调递减、在 ρ=0.8 之后单调递增。通常来说，迭代次数越多，算法运行时间越长。因此，为了减少算法的运行时间，将仿真环境中的阻尼系数设置为 0.7。

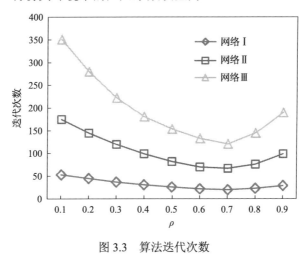

图 3.3　算法迭代次数

2. 运行时间

为了对比 SFC-P 算法与其他算法在不同网络环境中的运行时间，本节将 SFC 的大小设置为 10KB，对应的仿真结果如表 3.2 所示。首先，ILP 模型的运行时间最长。这是因为对 ILP 模型进行求解本身的时间复杂度较高，且随着网络规模的增长呈指数增长。例如，对于具有 24 个节点和 37 条物理链路的网络 II，ILP 模型的求解时间就高达 1510.51s。因此，表 3.2 中只给出了网络 I 和网络 II 的运行时间。其次，对于提出的 SFC-P 算法，其运行时间既非最低，也不是最高。具体来说，SFC-P、CG 和 MA 都能在多项式时间内找到解决方案，它们所消耗的运行时间差别并不大，SFC-P 算法具有微弱的优势。Greedy 算法在小规模网络中具有一定优势，如在网络 I 中的运行时间仅为0.36s。然而，随着网络规模的增加，其运行时间也增长得较快，主要原因在于 Greedy 算法在大规模网络中容易陷入局部最优，从而导致不断迭代。尽管 EM 算法具有最短的运行时间，特征分解只适用于某类特定的矩阵，从而限制了 EM 算法的应用。相反，SFC-P 算法并不受限于这些约束，并且其运行时间也在可接受的范围。

表 3.2　不同算法的运行时间　　　　　（单位：s）

算法	网络 I	网络 II	网络III	网络IV
ILP	47.086	1510.51	∞	∞
Greedy	0.36	0.74	6.063	34.776
CG	0.686	0.811	4.325	18.014
MA	0.442	0.535	3.4	17.177
SFC-P	0.45	0.649	2.54	15.341
EM	0.253	0.515	0.993	5.37

3. 整体成本

本章提出 ILP 模型的目的在于最小化整体成本。通常，ILP 模型能够给出最优的解决方案，而启发式算法则提供近似最优的解决方案。考虑到 ILP 模型的应用受限于网络规模，只在网络 I 和网络 II 中对比 ILP 模型与启发式算法，具体结果如图 3.4 所示。可以观察到，在网络 I 和网络 II 中，ILP 模型具有最低的整体成本。当然，这种优势是通过非常长的运行时间换取的。另外，SFC-P 算法和 EM 算法在整体成本上表现出的性能相似，但都优于其他三种启发式算法。由于 Greedy 算法采用的贪心机制通常会造成大量链路资源的额外消耗，所以产生更多的成本。CG 法和 MA 将 VNF 的部署分成多个子问题解决，再将结果合并。因此，子问题解决方案的优劣将直接决定整体成本。尽管 SFC-P 算法和 EM 算法在整体成本方面的表现相似，EM 算法仅适用于对角化矩阵，而 SFC-P 算法则不存在这样的问题。

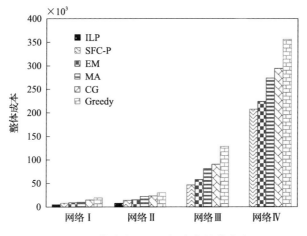

图 3.4　算法在不同网络中的整体成本

4. 吞吐量

本节选择网络IV作为衡量吞吐量的网络环境,同时改变网络中 SFC 的大小,具体范围为[10,100]KB。鉴于 ILP 模型的限制条件,此处不再对它进行对比分析。具体的仿真结果如图 3.5 所示,可以观察到如下两个趋势。首先,对于任意启发式算法,吞吐量都随着 SFC 大小的增加而增加。造成这种趋势的原因很简单,数据包越大,意味着转发的流量越多,从而导致吞吐量的增加。其次,吞吐量最终会趋于稳定。这是因为网络本身的转发能力具有上限,当达到这个阈值时,多余的流量将会被阻塞在节点中或者被直接丢弃。至此,

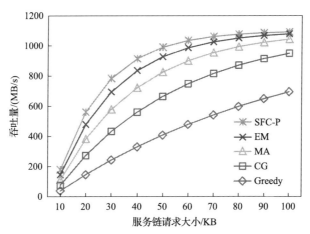

图 3.5　不同算法在网络IV中的吞吐量

吞吐量自然会达到一个稳定的状态。具体分析图 3.5，发现 Greedy 算法的吞吐量最小，主要在于贪心机制会导致局部最优的情况，从而阻止后续接收更多的服务请求，降低吞吐量。对于 CG 法和 MA，其问题在于它们并不考虑异构的网络，只适合处理单条转发路径的服务请求。相反，SFC-P 算法能同时处理具有多条转发路径的服务请求，因此吞吐量相对较高。SFC-P 算法将全局网络连通性作为 VNF 部署的因素之一，即 SFC-P 算法能够实现一定程度的负载均衡，而 EM 算法并不考虑负载均衡。因此，EM 算法的吞吐量要稍低于 SFC-P 算法。

5. 时延

通常，给定服务请求的数量时，服务的规模越大也就意味着有更多的数据包可能需要等待被处理，就可能导致更长的时延。本节对不同算法取得的时延性能进行评估，具体结果如图 3.6 所示。同样，SFC 越大也就意味着越长的传播时延和等待时延，从而导致更长的网络时延。通过对比可以观察到两个现象：①当物理节点有足够的能力来处理到达的数据包时，网络吞吐量增长的速度较快，而时延增长的速度较慢；②当同一时刻到达的数据包数量超过了物理节点本身的处理能力时，吞吐量增长的速度会逐渐趋于稳定，而时延则会以较快的速度增长。另外，通过图 3.5 可以看出，SFC-P 算法需要处理更多的流量，因此，其时延相较于 EM 算法要略高。尽管如此，通过计算和比较吞吐量与平均时延之间的比例，可以发现 SFC-P 算法计算得到的比例要高于 EM 算法。从这点看，SFC-P 算法仍然具有一定的优势。

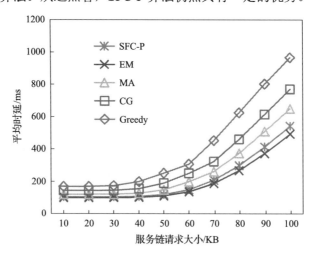

图 3.6　不同算法在网络 IV 中的时延

3.5　本 章 小 结

　　针对 NFV 网络中服务功能链供给问题的研究对推动网络的创新有着重要的意义。本章通过结合全局最优与局部最优的情况为服务功能链请求制定最合适的供给方案。在分离数据转发与服务功能交付的基础上，除了能够满足用户的需求外，还能提供一定的可靠性和可扩展性保证。

第4章 SDN/NFV 服务功能链重组

SDN 和 NFV 为服务功能链的供给带来了极大的灵活性。然而，考虑到用户或者企业对服务功能的需求可能会发生变化，服务功能链的供给必须具有一定的可扩展性，从而支持动态地增加新的或者删除已经部署的服务功能。这种动态增加或者删除功能的过程需要对服务功能链进行重组，称为服务功能链重组问题。通常，服务功能链重组只涉及服务功能路径中的某一段。采用第 3 章的服务功能链供给算法对服务功能链重组问题进行求解会导致较大的开销，因为服务功能链供给算法会重建整条服务功能路径以满足用户需求。另外，由于所采用的供给机制相同，重新建立的服务功能路径与之前的服务功能路径极有可能存在诸多重复路段，从而增加不必要的计算开销。因此，有必要设计合适的机制来满足用户对服务功能的扩展性需求。

4.1 概　　述

传统的点对点服务供给需要部署大量的专用设备来提供各种网络功能，如防火墙和负载均衡。这些专用设备固定且不可编程的特性导致新服务的构造和部署过程变得越来越缓慢和僵化，进而产生高额的成本。在这样的背景下，网络运营商的能力(如向网络中引入新特性或者对现有的服务进行修改)将受到极大的限制。对由专用设备组成的服务功能链进行修改可能会带来一系列的级联效应，即改变该服务功能链上的一个或者多个功能将会影响到其他用于构造该服务功能链的功能实例。

NFV 通过虚拟化技术将网络功能特性与底层专用硬件设备解耦，提供了一种更加灵活的服务功能链组装和供给方式。服务功能链主要由 VNF 组成，而非专用硬件设备。这种新的服务供给方式能够从一定程度上缓解传统网络的僵化问题，并且降低网络开销。鉴于用户对服务功能的需求始终存在变化的可能性，这种新的服务供给方式同样面临着功能的扩展性问题。图 4.1 给出了一条服务功能链的扩展性用例，分别包括增加和删除一个服务功能。特别地，图 4.1(a)展示了一条视频流服务功能链，在到达用户之前需要经过网络地址转换器和防火墙两个服务功能。在这种情况下，防火墙对数据包进行检测。一旦确定这些数据包来自可信任的源或者应用，那么，接下来的属于同一条数据流的数据包就不需要再被防火墙检测。在这种情况下，可以移除防火墙功能，如图 4.1(b)所示。这样做的好处自然是减少各种服务功能(L3~L7)对数据流的处理，提高网络整体性能。然而，如果发现存在超出该防火墙检测范围的恶意行为，那么需要增加深度包检测(deep packet inspector, DPI)功能，从而对潜在的恶意数据包进行深入分析和检测，如图 4.1(c)所示。

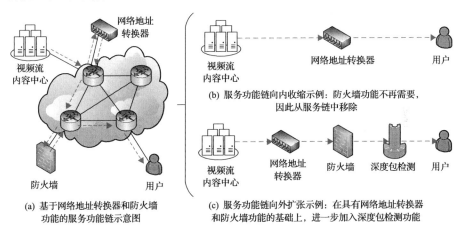

图 4.1　服务功能链扩展性用例

　　为了满足这种功能变化的需求，服务功能链的供给需要具有一定的可扩展性，即支持动态地增加或者删除服务功能，这个增加和删除的过程称为服务功能链重组。增加服务功能的操作称为向外扩张(scale-out, SO)，而删除服务功能的操作称为向内收缩(scale-in, SI)。通常，SO 请求到达的目的是实现某些网络功能的扩展或者冗余，而 SI 请求的到达则是因为某些特定的服务功能不再被需要或者失效。归结到本质上，SI 和 SO 请求的到达都是因为资源需求发生了变化。所以，本章将 SI 或者 SO 请求的到达作为服务功能链重组的触发条件。图 4.1 分别给出了 SI(防火墙)和 SO(深度包检测)的例子。尽管如此，需要注意的是：①SI 和 SO 请求可能会发生在服务功能链生命周期的任何时刻；②SI 和 SO 请求可能会同时产生。综合考虑这两种情况，服务功能链的重组问题就变得更为复杂。目前实现服务功能链重组的具体方案主要依赖 VLAN 和路由变更(routing alteration, RA)技术，但它们可能会导致较大的风险，同时增加操作的复杂性。因此，动态地向服务功能链中增加或者从服务功能链中删除功能，以及动态地增加或者减少分配给服务功能链的资源(如带宽)等操作都变得极其困难。为此,急需定义一种可扩展、快速和敏捷的服务功能插入与删除模型,从而更加细粒度地实现服务功能链的供给与重组。

　　服务功能链重组问题的演进可以分为三个阶段。第一个阶段为虚拟网络嵌入(virtual network embedding, VNE),它是服务功能链供给问题的前身,主要任务为建立虚拟节点、链路与物理节点、链路之间的映射关系。然而,和服务功能链请求不同的是,虚拟网络请求并不存在固定的源节点和目的节点。第二个阶段为服务功能链供给,主要解决服务功能的部署和连接问题。第三个阶段为服务功能链重组,它在服务功能链供给问题的基础上,进一步满足用户对服务功能的扩展性需求(如 SI 和 SO)。相对于前两个阶段的研究,针对服务功能链重组问题的研究则要少很多。尽管如此,不可否认的是用户频繁的需求变化必然会产生扩展性请求(如 SI 和 SO),而单纯地采用服务功能链供给算法来满足这种功能的扩展性请求会导致不必要的计算开销和高额的成本代价。因此,有必要设计合适的机制来满足用户对服务功能的扩展性需求。

　　针对服务功能链供给算法无法有效应对服务功能链重组的问题,本章提出服务功能链重组(SFC-R)算法。首先,使用整数线性规划模型来描述服务功能链重组问题。该模型除了满足初始的服务功能链请求之外,也考虑了可扩展的 SI 和 SO 请求。在此基础上,SFC-R 算法采用回溯法来处理初始的服务功能链请求。对于可扩展的 SI 和 SO 请求,分别采用被动式和主动式两种策略进行处理。被动式根据已经建立的服务功能路径完成插入或者删除服务功能的操作,从而起到减少服务操作和管理成本的目的。而主动式则根据具体的需求判断是否主动地改变当前的服务功能路径,从而达到优化服务质量的目的。

4.2　服务功能链重组框架结构

　　本章提出的服务功能链重组框架如图 4.2 所示。显然,该框架主要由四部分组成,分别为 SFC-R 算法、流量转发控制器、服务交付控制器、服务功能链整体转发拓扑构造模块。其中,算法通过解耦流量转发与服务交付,实现服务功能链的可扩展,从而支持灵活的服务功能重组(包括服务功能的增加和删除请求)。根据这两部分计算得到的信息,服务功能链整体转发拓扑构造模块可以构造完整的服务功能路径。其中,对于流量转发控制器和服务交付控制器,它们所需要的算法与决策逻辑则由 SFC-R 算法模块来提供。

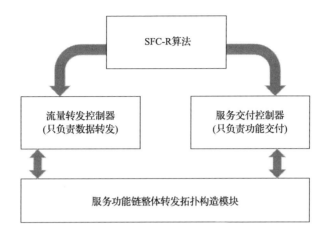

图 4.2　服务功能链重组框架

通过解耦流量转发与服务交付，既可以在一定程度上保证服务的质量，也确保了流量的稳定性。具体而言，一方面，基于最优路径来确定流量的转发。流量转发路径一旦确定，不会轻易改变。另一方面，基于各种决策逻辑所得到的服务交付方案，通过分支的形式依附所建立的转发路径，从而极大地提高服务的灵活性。

4.3　服务功能链重组模型与算法

在服务功能链供给问题的基础上，服务功能链重组问题需要进一步思考如何应对服务功能链在其生命周期中所产生的服务扩展请求，包括增加和删除服务功能。针对这种情况，本节采用 SFC-R 算法，分别采用被动式和主动式两种不同的策略来处理服务扩展请求，这两种机制相互独立。

4.3.1　问题与模型

服务功能链重组问题中的物理网络模型与服务功能链供给问题中的网络模型一致，因此，本节不再对其进行赘述，主要介绍服务功能链重组请求模型、目标函数和约束条件等。

1. 服务功能链重组请求

以第 3 章介绍的服务功能链请求模型为依托，本节将在此基础上介绍服务功能链的扩展请求模型，它包括向外扩展请求 SO 和向内收缩请求 SI。具体而言，给定任意的 SFC 请求 Ψ_p，在实现该请求之后它可能会要求增加新的服务功能或者删除已经存在的服务功能。现将这两种服务功能扩展性请求统一为以下三元组形式：

$$S_p = \{\text{symbol}, f, \text{pos}\} \tag{4.1}$$

式中，symbol 表示该服务功能链扩展请求的类型；f 表示需要增加或者删除的服务功能对象；pos 表示功能在服务路径上插入或移除的位置。对于 symbol，展开如下：

$$\text{symbol} = \begin{cases} 0, & S_p \text{请求增加功能} f \\ 1, & S_p \text{请求删除功能} f \end{cases} \tag{4.2}$$

在任意服务功能链被部署成功之后，它会存在一段生命周期，而在此期间，该服务功能链将以 ρ 的概率来随机产生服务功能的扩展性请求 SO 或者 SI。其中，需要特别注意两种特殊情况。① $\rho = 0$，任意部署的服务功能链将不会要求增加新的或者删除旧的服务功能。在这种情况下，服务功能链重组问题等价于第 3 章介绍的服务功能链供给问题。② $\rho = 1$，任意已经部署的服务功能链都会产生至少一条服务功能扩展性请求。为了计算服务功能链重组成本，假设从服务路径上增加或者删除功能的单位成本为 Φ。另外，对于扩展性请求 SO 和 SI，它们发生的概率分别使用 ρ_{out} 和 ρ_{in} 表示。因此，ρ、ρ_{in} 和 ρ_{out} 之间的关系为

$$\rho = \rho_{\text{in}} + \rho_{\text{out}} \tag{4.3}$$

式 (4.3) 可以通过概率论进行证明。假设事件 A 表示 SI 请求，即 $P(A) = \rho_{\text{in}}$；事件 B 表示 SO 请求，即 $P(B) = \rho_{\text{out}}$；事件 C 表示服务功能扩展性请求，其概率表示为 $P(C) = \rho$。由于事件 A 和 B 的发生基于事件 C，有

$$P(A|C) + P(B|C) = 1 \tag{4.4}$$

另外

$$P(A) + P(B) = P(A|C)P(C) + P(B|C)P(C) = (P(A|C) + P(B|C))P(C) \tag{4.5}$$

将式 (4.4) 代入式 (4.5) 中，可以得到结论 $P(A) + P(B) = P(C)$，即 $\rho_{\text{in}} + \rho_{\text{out}} = \rho$。

2. 服务功能链重组

给定任意的服务功能链 Ψ_p，F_p 表示其重组之前的服务功能集合。由于进行重组操作会改变 Ψ_p 本身所具备的服务功能种类和数量，所以，使用 F_p' 来表示它重组之后的服务功能集合。对应地，分别使用符号 P_p、P_p' 表示 F_p 和 F_p' 所依赖的服务路径：

$$\begin{cases} P_p = \{\text{path}_0, \text{path}_1, \cdots, \text{path}_{|F_p|}\} \\ P_p' = \{\text{path}_0', \text{path}_1', \cdots, \text{path}_{|F_p'|}'\} \end{cases} \tag{4.6}$$

式中，path_0 和 path_0' 表示连接源节点和第一个服务功能实例的路径；$\text{path}_{|F_p|}$ 和 $\text{path}_{|F_p'|}'$ 表示连接最后一个服务功能实例和目的节点的路径；$\text{path}_q (q \in [1, |F_p|])$ 和 $\text{path}_{q'}' (q' \in [1, |F_p'|])$ 则表示连接任意两个邻接服务功能实例的路径。对于服务功能链 Ψ_p，任意需求的服务功能只会在网络中部署一个实例。因此，任意邻接功能对之间只需要建立一条服务路径，即满足以下条件：

$$\begin{cases} |\text{path}_0| = |\text{path}_1| = \cdots = |\text{path}_{|F_p|}| = 1 \\ |\text{path}_0'| = |\text{path}_1'| = \cdots = |\text{path}_{|F_p'|}'| = 1 \end{cases} \tag{4.7}$$

3. 目标函数

对服务功能链重组问题的目标进行规划需要使用四个二进制变量。其中，$X_{p,q}^i$ 和 $Y_{p,q}^j$ 已经在第 3 章中定义，分别表示服务功能与物理节点之间的映射关系以及虚拟链路与物理链路之间的映射关系。然而，$X_{p,q}^i$ 和 $Y_{p,q}^j$ 表示的是进行重组操作之前的映射关系。因此，需要进一步定义另外两个变量表示进行重组操作之后的映射关系，具体如下：

$$X_{p,q}'^i = \begin{cases} 1, & \text{重组之后} f_p^q \text{部署在} N_i \text{上} \\ 0, & \text{其他} \end{cases} \tag{4.8}$$

$$Y_{p,q}'^j = \begin{cases} 1, & \text{重组之后} L_j \text{被} \Psi_p \text{所占用} \\ 0, & \text{其他} \end{cases} \tag{4.9}$$

其中，对于式(4.9)，$Y_{p,q}^{\prime j}=1$ 的情况又可以被进一步细分为：①$q=0$，L_j 用于连接 s_p 和 f_p^q；②$q=|F_p^{\prime}|$，L_j 用于连接 $f_p^{|F_p^{\prime}|}$ 和目的节点 d_p；③其他情况时，L_j 用于连接 f_p^q 和 f_p^{q+1}。

由于进行服务功能链重组之前和之后的资源消耗量不同，这两种情况所导致的资源成本也不同。所以，分别使用 $\mathbb{A}$ 和 $\mathbb{B}$ 来表示重组之前和之后的资源消耗成本。服务功能的部署成本和它们的数量成正比，使用符号 $\mathbb{D}$ 表示。此外，对服务功能路径的重新规划成本使用 $\mathbb{R}$ 表示。基于以上定义的符号和变量，这四类成本对应的函数如式(4.10)~式(4.13)所示：

$$\mathbb{A}=\sum_{f_p^q\in F_p}\sum_{N_i\in N}\sum_{w\in[1,W]}X_{p,q}^i C_{N_i}^w R_{f_p^q}^w + \sum_{f_p^q\in F_p}\sum_{L_j\in L}Y_{p,q}^j C_{L_j}R_{F_p} \tag{4.10}$$

$$\mathbb{B}=\sum_{f_p^q\in F_p^{\prime}}\sum_{N_i\in N}\sum_{w\in[1,W]}X_{p,q}^{\prime i} C_{N_i}^w R_{f_p^q}^w + \sum_{f_p^q\in F_p^{\prime}}\sum_{L_j\in L}Y_{p,q}^{\prime j} C_{L_j}R_{F_p} \tag{4.11}$$

$$\mathbb{D}=\sum_{f_p^q\in F_p\cup F_p^{\prime}}\sum_{N_i\in N}\sum_{w\in[1,W]}X_{p,q}^i C_{f_p^q} \tag{4.12}$$

$$\mathbb{R}=\left(\sum_{f_p^q\in\left(\frac{F_p^{\prime}}{F_p}\right)\cup\left(\frac{F_p}{F_p^{\prime}}\right)}\sum_{N_i\in N}X_{p,q}^{\prime i} + \sum_{f_p^q\in\left(\frac{F_p^{\prime}}{F_p}\right)\cup\left(\frac{F_p}{F_p^{\prime}}\right)}\sum_{L_j\in L}Y_{p,q}^{\prime j}\right)\Phi \tag{4.13}$$

综合考虑以上四类成本函数，得到本节的目标函数：

$$\min:\ \mathbb{A}+\mathbb{B}+\alpha\mathbb{D}+\beta\mathbb{R} \tag{4.14}$$

式中，$\mathbb{A}$ 和 $\mathbb{B}$ 都属于资源消耗成本，因此权重相同。而参数 α 和 β 则用于对资源成本、服务功能部署成本和服务功能链重组成本进行权衡处理。

4. 约束条件

式(4.14)中的目标函数同样受限于服务功能链供给模型下的物理资源、链路时延等约束条件。鉴于这部分的约束条件已经在 3.3.1 节中给出，因此不再赘述。本节主要介绍服务功能链进行重组之后所涉及的约束条件。首先，对于重组之后的服务功能链，必须满足基本的资源约束，包括物理节点和链路资源，如式(4.15)和式(4.16)所示：

$$\sum_{p\in[1,|\Psi|]}\sum_{q\in[1,|F'_p|]}X^{i}_{p,q}R^{w}_{f^{q}_{p}}\leqslant R^{w}_{N_i},\quad\forall N_i\in N,\quad w\in[1,W] \tag{4.15}$$

$$\sum_{p\in[1,|\Psi|]}\sum_{q\in[1,|F'_p|]}Y'^{j}_{p,q}R_{F'_p}\leqslant R_{L_j},\quad\forall L_j\in L \tag{4.16}$$

对于任意的物理节点，假设只要具有足够的有效资源，就能够提供服务功能运行所需的环境。因此，同一个物理节点上可能部署多个服务功能实例，如式(4.17)所示：

$$\sum_{f^{q}_{p}\in F'}X^{i}_{p,q}\geqslant 0,\quad\forall N_i\in N \tag{4.17}$$

服务功能链在重新选择服务功能路径时，非常重要的一点是时延的保证。因此，在服务功能链进行重组之后，也必须保证其时延在最大允许范围内，如式(4.18)所示，重组之后的服务路径至少由一条物理链路组成，如式(4.19)所示：

$$\sum_{f^{q}_{p}\in F'}\sum_{L_j\in L}Y'^{j}_{p,q}D_{L_j}\leqslant\delta_p,\quad\forall p\in[1,|\Psi|] \tag{4.18}$$

$$\sum_{L_j\in L}Y'^{j}_{p,q}\geqslant 1,\quad\forall p\in[1,|\Psi|] \tag{4.19}$$

通常来说，一个服务功能实例会被部署到一个单独的节点上。如果将其分开进行部署，将会导致流量的分割。尽管这种做法使网络负载更加均衡，但会增加带宽资源的消耗，从而导致额外的成本。另外，将属于同一条服务功能链的不同功能部署到同一个物理节点上，一定程度上会造成节点拥塞。因此，对于重组之后的服务功能链，建立如式(4.20)所示的约束条件：

$$\sum_{f^{q}_{p}\in F'}\sum_{N_i\in N}X'^{j}_{p,q}=|F'_p|,\quad\forall p\in[1,|\Psi|] \tag{4.20}$$

通过上述公式，将服务功能链重组问题规划为一个 ILP 模型。该模型使用最短路径算法预先计算出任意节点对之间的最短路径，再基于现有的工具（如 CPLEX 和 GLPK）或者方法(如分支界定法)对其进行求解，从而获得最优的服务功能链重组方案，为后续的仿真评估与分析提供性能上界。

4.3.2　服务功能链重组算法

ILP 模型通常假设网络服务请求全部已知，属于一种静态的解决方案，无法有效地应对动态的网络环境。另外，ILP 模型的求解时间在网络规模较大时是不可接受的。

服务功能链重组是在服务功能链供给问题的基础上演化而来的，因此，需要首先解决服务功能链的供给问题。鉴于第 3 章已经详细介绍过服务功能链供给算法，本节不再赘述，并且假设服务功能链供给问题已经采用第 3 章的算法进行解决。以此为基础，针对不同的目标，SFC-R 算法分别采用被动式和主动式两种不同的策略来处理服务功能链重组请求（如 SI 或者 SO），它们分别称为 SFC-RS 算法和 SFC-PS 算法。

1. 被动式机制

SFC-RS 算法采用被动式机制来处理新到达的 SI 或者 SO 请求。具体来说，它不会主动改变在服务功能链供给过程中建立好的服务功能路径，而是沿着该服务路径，进行增加或者删除服务功能的操作。由于服务功能链流量通过服务功能的顺序有极其严格的要求，在进行服务功能链重组（尤其是增加服务功能）时，需要知道具体的操作位置。该信息内嵌于服务重组请求内，如式(4.1)所示。给定一条服务功能链 Ψ_p，它的服务功能集合为 $F_p = \{f_p^1, f_p^2, \cdots, f_p^{|F_p|}\}$，对应建立的服务功能路径为 $P_p = \{\mathrm{path}_0, \mathrm{path}_1, \cdots, \mathrm{path}_{|F_p|}\}$。那么，对于 SI 请求，它可能要求直接移除服务功能 f_p^q，而 SO 请求则可能要求在 f_p^q 和 f_p^{q+1} 之间插入一个新的服务功能。由于 SI 和 SO 请求所涉及的内容不同，SFC-RS 算法对它们的应对方式也不同，下面分别进行介绍。

对于一条已经部署的服务功能链 Ψ_p，可能会同时到达多条 SI 请求。然而，SFC-RS 算法并不改变当前的服务路径。因此，处理单条或者多条 SI 请求的步骤一致，即先定位到相应的服务功能，再将其移除（释放占用的资源）即可。现在，假设到达的 SI 请求要求移除服务功能 f_p^q，那么首先需要寻找部署该服务功能的物理节点。对于任意节点 N_i，如果满足以下条件：

$$X_{p,q}^i = 1 \tag{4.21}$$

那么就可以判断出 f_p^q 被部署在物理节点 N_i 上。将该节点修改为只对属于 Ψ_p

的流量进行转发，不提供 f_p^q 服务功能。同时，释放掉 f_p^q 在该节点上所占用的资源，操作如下：

$$R_{N_i}^w = R_{N_i}^w + R_{f_p^q}^w \tag{4.22}$$

至此，将 Ψ_p 的服务功能集合进行更新：

$$F_p = F_p - f_p^q = \{f_p^1, f_p^2, \cdots, f_p^{q-1}, f_p^{q+1}, \cdots, f_p^{|F_p|}\} \tag{4.23}$$

对应地，需要将 f_p^{q-1} 和 f_p^q 之间的路径与 f_p^q 和 f_p^{q+1} 之间的路径合并，并更新当前的服务功能路径：

$$P_p = \{\text{path}_0, \cdots, \text{path}_{q-2}, \text{path}_{q-1} \cup \text{path}_q, \text{path}_{q+1}, \cdots, \text{path}_{|F_p|}\} \tag{4.24}$$

值得注意的是，尽管式(4.24)对当前服务功能路径进行更新，但是它并没有改变构成整条服务功能路径的物理链路，而只是移除对应节点上的服务功能。实现 SI 请求的伪代码如算法 4.1 所示。

对于到达的 SO 请求，SFC-RS 算法依然基于已经建立好的服务功能路径来实现该请求。同样，假设到达的 SO 请求要求在 f_p^q 和 f_p^{q+1} 之间插入新的服务功能 $f_p^{q'}$。根据 SFC-RS 算法的原则，需要在服务路径段 path_q 上，寻找一个合适的物理节点来部署 $f_p^{q'}$。对于这部分，采用最先适应(first fit, FF)方法来选取一个合适的节点。具体而言，从 path_q 的第一个节点开始遍历，依次判断它是否能够满足 $f_p^{q'}$ 对资源的需求。假设找到的节点为 N_i，那么在 N_i 上为 $f_p^{q'}$ 构造运行环境，实现服务功能的部署，并设置 $X_{p,q'}^i = 1$。另外，更新服务功能集合：

$$F_p = F_p + f_p^{q'} = \{f_p^1, f_p^2, \cdots, f_p^q, f_p^{q'}, f_p^{q+1}, \cdots, f_p^{|F_p|}\} \tag{4.25}$$

此时，path_q 上的节点 N_i 除了需要进行流量转发外，还需要提供 $f_p^{q'}$ 所对应的服务。于是，以 N_i 为边界，将 path_q 分割为两段，分别使用 path_{q1} 和 path_{q2} 表示。其中，path_{q1} 和 path_{q2} 必须满足以下条件：

$$\text{path}_{q1} \cup \text{path}_{q2} = \text{path}_q \tag{4.26}$$

在式(4.26)的基础上，更新服务功能路径 P_p：

$$
\begin{aligned}
P_p &= P_p - \text{path}_q + \text{path}_{q1} + \text{path}_{q2} \\
&= \{\text{path}_0,\cdots,\text{path}_{q-1},\text{path}_{q1},\text{path}_{q2},\text{path}_{q+1},\cdots,\text{path}_{|F_p|}\}
\end{aligned} \tag{4.27}
$$

然而，考虑这样一种情况，如果在 path_q 上找不到这样的节点满足 $f_p^{q'}$ 的需求，那么就需要改变当前的服务功能路径，这部分内容将在后面介绍。通过重复式(4.25)~式(4.27)，便可以满足同时增加多个服务功能的 SO 请求。实现 SO 请求的伪代码如算法 4.1 所示。

算法 4.1　被动式服务功能链重组方案

输入：网络拓扑图 G，已部署服务功能链 Ψ_p，重组请求 S_p

输出：重组后的服务功能链 Ψ_p

开始

1:　初始化变量 index←S_p.pos;

2:　　N_i ←从已部署的服务功能链中查找 $f_p^{\text{index}+1}$ 所在的物理节点;

3:　**if**　S_p.symbol='–'　**do**

4:　　　$N_{i'}$ ←根据式(4.21)计算部署 $S_p.f$ 的物理节点;

5:　　　将变量 w 初始化为 1;

6:　　　**for**　$w\in[1,W]$　**do**

7:　　　　$R_{N_i}^w = R_{N_i}^w + R_{f_p^q}^w$;

8:　　　**end for**

9:　　　$N_{i''}$ ←在已部署的服务功能链中搜索 $f_p^{\text{index}-1}$ 所在的物理节点;

10:　　　path_{q-1} ←根据 P_p 计算连接 $N_{i''}$ 和 $N_{i'}$ 的服务路径;

11:　　　path_q ←根据 P_p 计算连接 $N_{i'}$ 和 N_i 的服务路径;

12:　　　将 path_q 与 path_{q-1} 进行合并，同时为 Ψ_p 更新完整服务路径 P_p;

13:　**end if**

14:　**else if**　S_p.symbol='+'　**do**

15:　　　$N_{i'}$ ←计算得到部署 f_p^{index} 的物理节点;

16:　　　path_q ←根据 P_p 计算连接 $N_{i'}$ 和 N_i 的服务路径;

17:　　　$N_{i''}$ ←计算 path_q 的第一个物理节点;

18:　　**for** $N_{i'} \in \text{path}_q$ **do**

19:　　　　**if** $N_{i'}$ 满足 $S_p.f$ 的资源需求　**do**

20:　　　　　　将 $S_p.f$ 部署在 $N_{i'}$ 上，并退出循环;

21:　　　　**end if**

22:　　**end for**

23:　　**if** $N_{i'} \notin \text{path}_q$ **do**

24:　　　　调用 4.3.2 节"主动式机制"中的 SFC-PS 算法;

25:　　**end if**

26:　　**else do**

27:　　　　根据 $N_{i'}$ 的位置将 path_q 分为两段，同时为 Ψ_p 更新完整服务路径 P_p;

28:　　**end else**

29:　　**end else**

30:　　返回 Ψ_p;

结束

2. 主动式机制

SFC-RS 算法的优点是简单、易于实现、计算开销小。尽管如此，它也有着诸多不足之处。例如，对于一条 SO 请求，当增加的服务功能需求超过了当前服务路径的能力时，SFC-RS 算法就无法对其进行处理。另外，SFC-RS 算法不会改变当前的服务功能路径，即使存在一条更好的服务路径。为了解决这些问题，本节给出基于主动式机制的 SFC-R 算法，简称为 SFC-PS 算法。

给定任意的服务功能链 Ψ_p、对应的服务功能集合 F_p 和服务功能路径 P_p，为了实现服务功能链重组请求（SI 和 SO 请求），需要先获取请求发生的位置，这部分内容在前面已经介绍过。另外，SFC-PS 算法处理 SI 或者 SO 请求的流程与 SFC-RS 算法基本一致。对于 SI 请求，SFC-PS 算法会先定位到待移除的服务功能的部署节点，然后释放该服务功能所占用的资源。对于 SO 请求，SFC-PS 算法先进行定位，再使用 FF 方法确定具体的部署节点。尽管如此，SFC-PS 算法和 SFC-RS 算法最大的区别在于，SFC-PS 算法会主动地根据网络现状动态改变当前的服务功能路径，从而提高服务功能链的性能，SFC-RS 算法则不会。

因此，对于 SI 请求，假设它要求移除 f_p^q，具体的步骤详见算法 4.1。在此基础上，根据式 (4.23) 更新服务功能集合。与 SFC-RS 算法不同的是，SFC-PS

算法并不将 path_{q-1} 和 path_q 合并为一条新的路径作为 P_p 上的一段,而是寻找一条新的路径来建立 f_p^{q-1} 和 f_p^{q+1} 之间的连接。具体来说,首先采用最短路径算法计算 f_p^{q-1} 和 f_p^{q+1} 之间的前 K 条最短路径(基于时延最短),并存于集合 PATH 中。其次,定义一个函数 MaxRB 用于计算和确定 PATH 中具有最大可预留带宽资源的那条路径。假设 $\text{MaxRB(PATH)} = \text{path}_{\text{new1}}$,那么必须保证 $\text{path}_{\text{new1}}$ 上预留的带宽资源量大于或者等于 $\text{path}_{q-1} \cup \text{path}_q$ 上预留的带宽资源量。在这种情况下,使用 $\text{path}_{\text{new1}}$ 取代 $\text{path}_{q-1} \cup \text{path}_q$,同时更新当前的服务功能路径:

$$
\begin{aligned}
P_p &= P_p - \text{path}_{q-1} - \text{path}_q + \text{path}_{\text{new1}} \\
&= \{\text{path}_0, \cdots, \text{path}_{q-2}, \text{path}_{\text{new1}}, \text{path}_{q+1}, \cdots, \text{path}_{|F_p|}\}
\end{aligned}
\tag{4.28}
$$

式中, $\text{path}_{\text{new1}} \neq \text{path}_{q-1} \cup \text{path}_q$。具体的伪代码如算法 4.2 所示。

对于 SO 请求,将新的服务功能 $f_p^{q'}$ 插入 f_p^q 和 f_p^{q+1} 之间。同样,采用最短路径算法计算得到的 f_p^q 和 f_p^{q+1} 之间的前 K 条最短路径存储在集合 PATH 中,并且假设 $\text{MaxRB(PATH)} = \text{path}_{\text{new2}}$。于是,使用 $\text{path}_{\text{new2}}$ 取代 path_q,并更新当前的服务功能路径:

$$
\begin{aligned}
P_p &= P_p - \text{path}_q + \text{path}_{\text{new2}} \\
&= \{\text{path}_0, \cdots, \text{path}_{q-1}, \text{path}_{\text{new2}}, \text{path}_{q+1}, \cdots, \text{path}_{|F_p|}\}
\end{aligned}
\tag{4.29}
$$

式中, $\text{path}_{\text{new2}} \neq \text{path}_q$。至此,采用 FF 方法从 $\text{path}_{\text{new2}}$ 上选择一个节点部署 $f_p^{q'}$,同时按照式 (4.25) 更新服务功能集合。最后,以部署 $f_p^{q'}$ 的节点为分界,将 $\text{path}_{\text{new2}}$ 分割为两段 $\text{path}_{\text{new2}}^1$ 和 $\text{path}_{\text{new2}}^2$,满足条件 $\text{path}_{\text{new2}}^1 \cup \text{path}_{\text{new2}}^2 = \text{path}_{\text{new2}}$。于是,式 (4.29) 中的服务功能路径更新为

$$
P_p = \{\text{path}_0, \cdots, \text{path}_{q-1}, \text{path}_{\text{new2}}^1, \text{path}_{\text{new2}}^2, \ \text{path}_{q+1}, \cdots, \text{path}_{|F_p|}\}
\tag{4.30}
$$

考虑如下情况,假设 $\text{path}_{\text{new2}}$ 没有找到满足 $f_p^{q'}$ 要求的节点,那么,首先将 $\text{path}_{\text{new2}}$ 从 PATH 中移除,更新操作如下:

$$
\text{PATH} = \text{PATH} - \text{path}_{\text{new2}}
\tag{4.31}
$$

在式 (4.31) 的基础上,重复执行式 (4.29) 和式 (4.30)。具体的伪代码如算

法 4.2 所示。

算法 4.2　主动式服务功能链重组方案

输入：网络拓扑图 G，部署的服务功能链 Ψ_p，重组请求 S_p

输出：重组后的服务功能链 Ψ_p

START

1:　初始化变量 index←S_p.pos;

2:　**if**　S_p.symbol='–'　**do**

3:　　将服务功能 $S_p.f$ 从 Ψ_p 的功能集合中移除;

4:　　PATH←查找部署 $f_p^{\text{index}-1}$ 和 $f_p^{\text{index}+1}$ 的物理节点，并计算这两个节点之

5:　　间的前 K 条最短路径;

6:　　path_{mrb} ← MaxRB（PATH）;

7:　　**if**　path_{mrb} 的带宽大于 $\text{path}_{q-1} \cup \text{path}_q$　**do**

8:　　　根据式（4.28）更新 Ψ_p 的服务功能路径，并跳出循环;

9:　　**end if**

10:　**end if**

11:　**else if**　S_p.symbol='+'　**do**

12:　　PATH←查找部署 f_p^{index} 和 $f_p^{\text{index}+1}$ 的物理节点，计算这两个节点之间

13:　　的前 K 条最短路径;

14:　　path_{mrb} ← MaxRB（PATH）;

15:　　**if**　path_{mrb} 的带宽大于 path_q　**do**

16:　　　根据式（4.29）更新 Ψ_p 的服务功能路径;

17:　　　采用 FF 方法将 $S_p.f$ 部署在 path_{mrb} 的节点上，同时跳出循环;

18:　　**end if**

19:　　**else do**

20:　　　采用 FF 方法将 $S_p.f$ 部署在 path_q 的节点上，同时跳出循环;

21:　　**end else**

22:　**end else**

23:　返回 Ψ_p;

结束

4.4 仿真实验

4.4.1 参数设置

　　为了对提出的 SFC-R 算法进行评估,本节拟采用不同规模的网络拓扑进行仿真实验。具体选择的拓扑包括三种,分别为 BT Europe、Interoute 和一个人工合成拓扑。其中,BT Europe 和 Interoute 来自拓扑园,用于模拟现实世界中的网络拓扑。BT Europe 具有 24 个节点和 37 条链路,属于小规模拓扑;Interoute 具有 110 个节点和 148 条链路,相对来说,属于大规模拓扑。尽管如此,考虑到 Interoute 拓扑比较稀疏,因此采用 GT-ITM 工具随机生成一个稠密的大规模拓扑,具有 100 个节点和 570 条链路。这三个拓扑如图 4.3 所示,且假设所有的服务器节点均使用通用硬件,从而能够支持部署各类 VNF。另外,SFC-R 算法使用 C++语言实现。对应的 ILP 模型使用整数线性规划工具 GLPK 进行求解。具体的资源、流量到达分布、服务请求参数在第 3 章已经详细介绍,本节不再赘述。

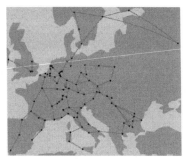

(a) BT Europe　　　　　　　　(b) Interoute

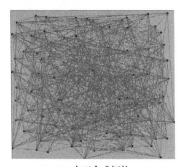

(c) 人工合成拓扑

图 4.3　服务功能链重组仿真拓扑

服务功能链重组问题假设任意的服务功能链都有一定概率（$\rho \in [0,1]$）产生扩展性请求，如 SI 或者 SO。特别地，为了区分 SI 和 SO，进一步设置产生 SI 的概率为 $\rho_{in} \in [0,1]$，产生 SO 的概率为 $\rho_{out} \in [0,1]$，必须满足 $\rho_{in} + \rho_{out} = 1$。SFC-R 算法采用两种不同的机制来处理 SI 和 SO 请求。由于这两种机制彼此之间并没有依赖关系，所以均能够独立完成对 SI 和 SO 请求的处理。为了区别这两种机制，接下来的仿真实验中均使用 SFC-RS 算法和 SFC-PS 算法来分别表示被动式机制和主动式机制。为了保持统一，使用 ILP 模型来表示基于整数线性规划的解决方案。

4.4.2　实验结果

1. 运行时间

为了分析算法的执行效率，本节将服务功能链扩展性请求的概率设置为 $\rho = 0$，这也就意味着到达的 SFC 请求在其生命周期内不会动态增加（SO 请求）或者删除（SI 请求）服务功能。因此，对于运行时间的仿真只需要处理到达的 SFC 请求即可。对 SFC-R 算法所包含的两种独立的运行机制进行评估，具体的实验结果如表 4.1 所示。显然，ILP 模型所需要的运行时间随着网络规模的增加而呈指数增长。反之，SFC-RS 算法和 SFC-PS 算法只需要较短的运行时间（不超过 1s）。因此，相较于 ILP 模型，SFC-R 算法具有更好的可扩展性。特别地，SFC-RS 算法的平均运行时间要略低于 SFC-PS 算法，主要原因在于 SFC-PS 算法需要对服务功能路径进行重新规划，而 SFC-RS 算法则不需要。

表 4.1　运行时间（$\rho = 0$，$\alpha = 1$，$\beta = 1$）　　　　（单位：s）

拓扑结构	BT Europe	Interoute	人工合成拓扑
ILP	149.724	459.519	793.382
SFC-RS	0.168	0.314	0.398
SFC-PS	0.172	0.352	0.392

ILP 模型的解决方案受限于网络规模，因此，在接下来的仿真实验中，只给出 ILP 模型在小规模网络中的结果。具体的仿真指标包括服务请求接收率、平均时延、总体成本。特别地，在接下来的结果图中都可以观察到这样一个相同的现象：$\rho = 0$ 时，SFC-RS 算法与 SFC-PS 算法所表现的性能相同，这是因为 $\rho = 0$ 意味着不会产生 SI 和 SO 请求，从而服务功能链重组问题退化为第 3 章介绍的服务功能链供给问题。

2. 服务请求接收率

将服务重组请求 SI 和 SO 产生的概率设置为 $\rho_{in} = \rho_{out} = \dfrac{\rho}{2}$，采用不同机制得到的服务请求接收率如图 4.4 所示。为了进行评估，将成本函数中的实验参数分别设为 $\alpha = 1$，$\beta = 1$。显然，随着服务功能链重组请求概率 ρ 的增加，整体的服务请求接收率会有所下降。究其原因，在于 ρ 越大意味着网络负载越大，而网络中的资源总量是固定的。因此，可用资源与外部需求之间的不匹配将导致部分请求无法被满足。

首先，对于不同的解决方案，如图 4.4 所示，ILP 模型计算得到的服务请求接收率最高，其以极高的运行时间为代价，为服务请求的实现提供了最优化方案。另外，SFC-RS 算法和 SFC-PS 算法具有不同的性能，具体表现在：①在 BT Europe 中，SFC-RS 算法的性能优于 SFC-PS 算法。BT Europe 属于小规模网络，其所具有的有效资源不足以满足不断到达的服务请求，重新规划甚至建立新的服务功能路径会导致资源紧张。在这种情况下，即使成功优化了当前服务路径，也可能会陷入局部最优的尴尬局面，从而阻止接收更多连续到达的服务请求。②在 Interoute 中，SFC-PS 算法的性能优于 SFC-RS 算法。相对于 BT Europe，Interoute 具有足够的资源和空间进行服务路径的优化操作。另外，考虑到 Interoute 拓扑稀疏的特性，SFC-PS 算法通过重新规划路径也能有效缓解某些特定链路上的拥塞情况。③在人工合成拓扑中，SFC-RS 算法的性能接近 SFC-PS 算法。该拓扑接近于全连通的情况，因此，在服务供给时很容易实现负载均衡。从这点考虑，所有部署的服务功能链在其生命周期内几乎不需要进行服务路径的重组。通过分析以上三点情况，说明了服务功能链重组算法的最佳应用场景。

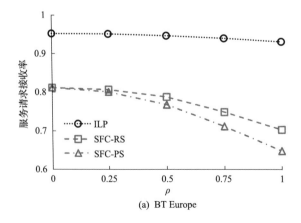

(a) BT Europe

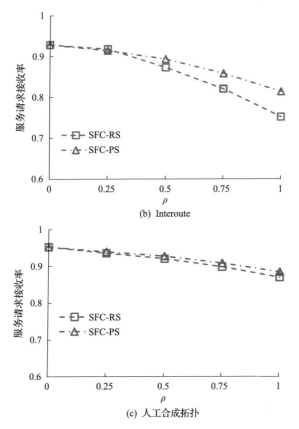

图 4.4　服务请求接收率与 ρ 的关系曲线（$\rho_{in} = \rho_{out}$，$\alpha = 1$，$\beta = 1$）

从拓扑的角度分析，可以得出结论：人工合成拓扑中取得的服务请求接收率最高，而 BT Europe 中最低，在 Interoute 拓扑中取得的服务请求接收率介于二者之间。给定同样数量的服务请求，可用资源量越多，服务请求接收率就越高。显然，大规模拓扑中的资源要远多于小规模拓扑，因此具有较高的服务请求接收率。另外，人工合成拓扑和 Interoute 相比，人工合成拓扑的链路数量约是 Interoute 的 3.85 倍，这也就意味着更多的带宽资源和网络连接，从而能够服务更多的请求，提高服务请求接收率。

3. 平均时延

基于 4.4.1 节中的参数设置，计算得到的平均时延如图 4.5 所示。通过对比和分析三个子图中的结果，可以得出结论：平均时延随着重组请求概率 ρ 的增加而增加。原因在于重组请求概率 ρ 的增加也就意味着服务请求数量的增加，服务请求越多意味着网络负载越高，从而导致平均时延增加。

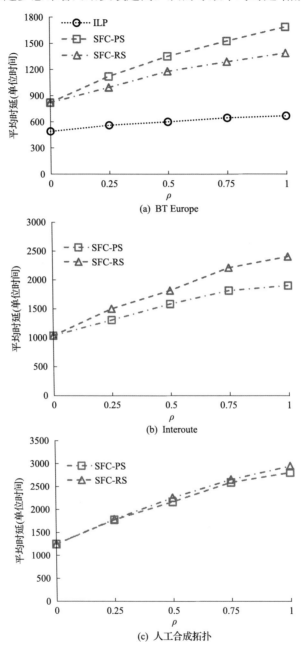

图 4.5 平均时延与 ρ 的关系曲线($\rho_{in} = \rho_{out}$，$\alpha = 1$，$\beta = 1$)

在图 4.5(a) 中，ILP 模型计算得到的平均时延最低，原因在于它基于最短服务功能路径来实现到达的重组请求。另外，在这种资源紧张的应用场景中，SFC-PS 算法对已有服务功能路径的修改将会直接影响到紧接着到达的服务请求，导致需要使用更长的服务功能路径实现服务的交付。因此，SFC-PS 算法计算得到的平均时延要高于 SFC-RS 算法。在图 4.5(b) 中，SFC-PS 算法的平均时延要低于 SFC-RS 算法，并且都随着 ρ 的增加而增加。前面介绍过，ρ 在一定程度上反映了网络的负载。在 BT Europe 中，资源紧张导致 SFC-PS 算法的主动优化机制并没有起到较好的效果。相反，在 Interoute 中，SFC-PS 算法具有足够的操作空间和资源，从而取得较好的效果。在图 4.5(c) 中，SFC-PS 算法的平均时延略低于 SFC-RS 算法。具体原因在前面已有解释，不再赘述。

4. 总体成本

最小化服务功能链重组的总体成本是本章的目标。通过设置不同的参数，本节对这个指标进行了全面的分析与评估。首先，为了评估不同的 ρ 对总体成本的影响，参数分别设置为 $\rho_{in} = \rho_{out}$，$\alpha = 1$，$\beta = 1$，并将结果展示在图 4.6 中。其次，为了评估不同的 ρ_{in} 和 ρ_{out} 对总体成本的影响，在给定 ρ 的基础上改变 ρ_{in} 所占的比例进行仿真，结果如图 4.7 所示。最后，根据式 (4.14) 可知，α 和 β 是影响总体成本的关键参数。因此，设置 $\rho_{in} = \rho_{out}$，再分别改变 α 和 β 的值进行仿真实验，结果如图 4.8 所示。其中，图 4.8(a)~(c) 将 β 固定为 1，变化 α。而图 4.8(d)~(f) 则将 α 固定为 1，变化 β。

对于图 4.6(a) 的结果，ILP 模型取得最小的总体成本。规划 ILP 模型的目标即为最小化总体成本，因此，ILP 模型对于到达的服务请求，所提供的方案为最小化总体成本的方案。另外，相对于 SFC-PS 算法，SFC-RS 算法取得

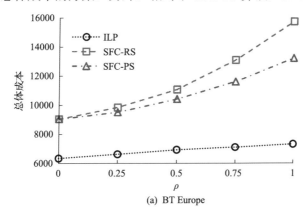

(a) BT Europe

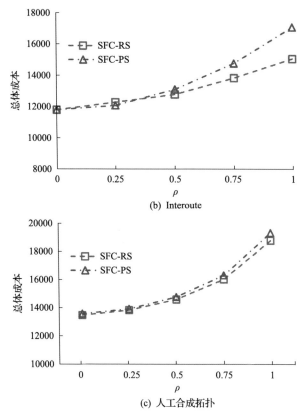

图 4.6　总体成本与 ρ 的关系曲线 $(\rho_{in} = \rho_{out},\ \alpha = 1,\ \beta = 1)$

的总体成本在 BT Europe 环境下要高，而在 Interoute 和人工合成拓扑环境下要低。通常，服务请求接收率越高，意味着资源消耗频繁，从而根据式(4.14)可以判断出总体成本也会相应提高。于是，通过分析服务请求接收率的结果，可以判断出图 4.6 所示结果的合理性。另外，总体成本随着网络规模的增加而增加。例如，SFC-RS 算法在人工合成拓扑中计算得到的平均成本要比 Interoute 高 30%，比 BT Europe 高 50%。

　　在图 4.7 中，x 轴表示 ρ 的值，而 y 轴表示 $\dfrac{\rho_{in}}{\rho}$ 的值。同样，也可以观察到总体成本随着 ρ 的增加而增加的现象。前面介绍过，ρ 反映了网络的负载情况，ρ 越大，网络负载越大，从而资源开销越大，于是就会导致较大的成本开销。在此基础上，固定 ρ，那么总体成本将会随着 $\dfrac{\rho_{in}}{\rho}$ 的减小而增加。

由于 $\rho = \rho_{\text{in}} + \rho_{\text{out}}$，$\dfrac{\rho_{\text{in}}}{\rho}$ 的减小也就意味着 $\dfrac{\rho_{\text{out}}}{\rho}$ 的增加。在这种情况下，SO 请求产生的概率变大，于是需要部署更多的服务功能。这将增加网络负载和资源开销，进而导致总体成本的增加。

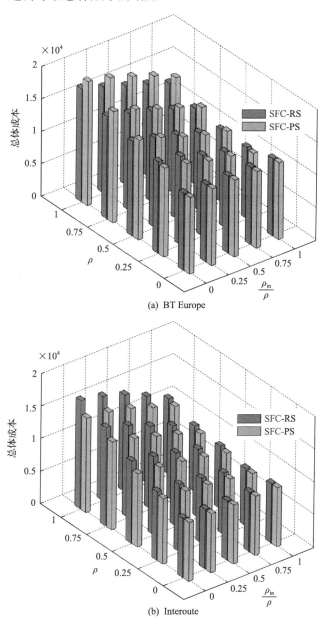

(a) BT Europe

(b) Interoute

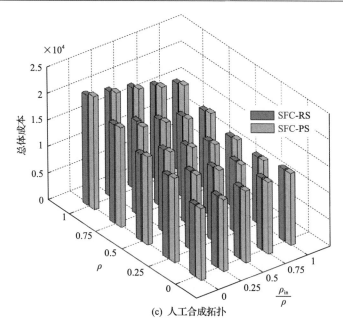

(c) 人工合成拓扑

图 4.7　总体成本和 ρ、$\dfrac{\rho_{in}}{\rho}$ 的关系曲线（$\alpha = 1$，$\beta = 1$）

同样,在图 4.8 中也能观察到总体成本随着 ρ 和网络规模的增加而增加,

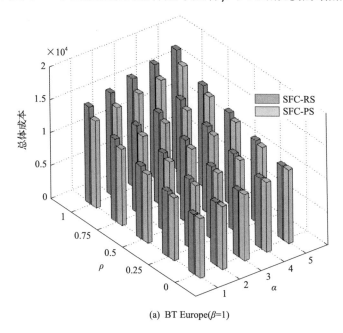

(a) BT Europe($\beta=1$)

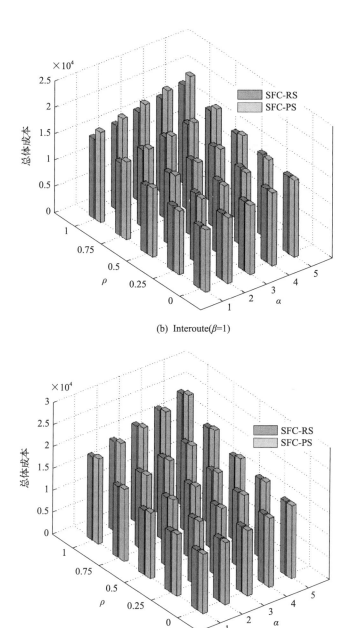

(b) Interoute(β=1)

(c) 人工合成拓扑(β=1)

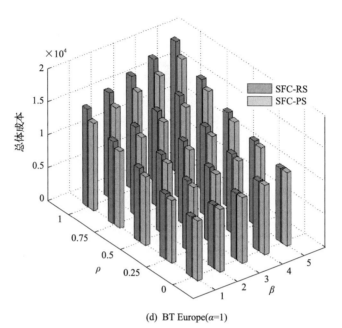

(d) BT Europe(α=1)

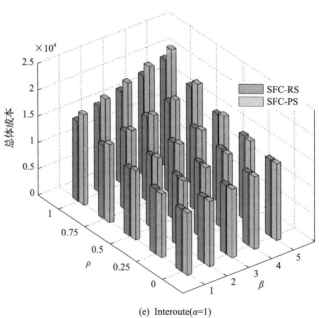

(e) Interoute(α=1)

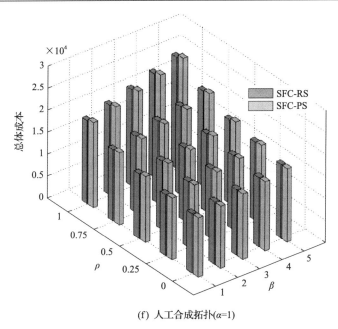

(f) 人工合成拓扑($\alpha=1$)

图 4.8　总体成本与 ρ、α、β 的关系曲线($\rho_{in} = \rho_{out}$)

具体原因不再赘述。除此之外，总体成本也随着 α 和 β 的增加而增加。根据成本函数(4.14)，α 和 β 的值与总体成本成正比，从而说明该结果的正确性。接下来，对比同一个拓扑中的结果，即图 4.8(a)与(d)、图 4.8(b)与(e)、图 4.8(c)与(f)，可以得出另外一个结论：相较于参数 α，参数 β 的增加会导致总体成本增加得更快。该结论对于 SFC-RS 算法和 SFC-PS 算法均成立。一方面，α 与服务功能部署成本相关，β 与服务功能链重组成本相关。另一方面，给定服务功能链重组请求 ρ 和 $\rho_{in} = \rho_{out}$，那么产生 SI 和 SO 请求的概率相同。然而，SO 请求会造成服务功能部署成本和服务功能链重组成本，而 SI 请求只会造成服务功能链重组成本。在这种情况下，服务功能链重组成本要比服务功能部署成本增加得快。结合这两方面因素可以说明以上结论的正确性。

4.5　本 章 小 结

服务功能链重组问题是从服务功能链供给问题的基础上演化而来的。它的解决对于提高服务功能链的质量有着重要的作用。本章基于全局因子和局部因子的结合，计算出最合适的服务功能链重组方案。尽管 SDN 和 NFV 下的服务功能链已经引起了广泛的关注，但对于服务功能链重组问题，仍然存在诸多问题有待解决。其中，主要的一点是如何解决 VNF 与专用硬件功能之间的共存问题。例如，一个小规模的网络(少于 1000 台主机)中可能具备 10 种专用硬件功能，而一个大规模的网络(多于 100000 台主机)中可能具有超过 2000 种的专用硬件功能。鉴于这种现状，就没有必要在已经存在相关专用硬件的位置上部署相同功能的 VNF。因此，在进一步设计服务功能链重组甚至供给机制时，需要对这两种服务功能进行协调，从而提高网络的整体性能。

第5章 SDN/NFV 服务功能链优化

目前，针对 SDN 与 NFV 背景下的服务功能链供给和重组问题，已经存在诸多有效的解决方案。尽管如此，这些方案的研究重点在于解决服务功能链的分解与重组，而忽视了网络本身的性能瓶颈对服务功能链质量产生的影响。于是，考虑这样一种情况，网络中所存在的流量已经超过了其本身的处理能力。那么，这种情况势必会导致网络中某些节点过载。而一旦网络中的节点负载超过其本身的能力范围，将会导致网络的整体性能急剧下降，进而影响到已经部署在网络中的服务功能链的质量。出于以上因素，有必要设计合理的机制来解决这种超大流量所导致的网络性能瓶颈问题，从而起到优化服务功能链性能的目的。

5.1 概　　述

随着 SDN 与 NFV 研究的深入，基于它们的集成架构越来越多地受到众多服务提供商和网络运营商的追捧。其原因在于，通过分离网络控制与数据转发、解耦网络功能特性与硬件设备，可以减少网络中的运营成本和支出成本。另外，基于这种集成架构所提供的集中视图和全局控制能力，服务功能链的供给、分解、组装、重组等操作将会得到极大简化。

尽管 SDN 和 NFV 为服务功能链的实现带来了诸多优势，它们同时提高了网络中流量的多样性和动态性，进而为服务功能链的优化带来一系列的挑战。除此之外，现有的研究工作通常假设服务功能链之间并不会使用相同的 VNF 实例对象。换言之，需要单独为每条服务功能链部署它所需要的 VNF 实例。在这种情况下，每个 VNF 实例对象只服务于它所隶属的服务功能链。因此，不会产生资源冲突等问题。然而，这种设计往往会导致两种问题。首先，即使某些 VNF 具有足够的闲置能力，也无法用于处理其他服务功能链的流量，从而造成资源利用率低下。其次，所需要部署的 VNF 数量较多，因此同一个服务器上所部署的 VNF 数量也会相应增加，从而产生更多的资源碎片。资源碎片也是资源利用率低的表现之一。

　　通过引入 VNF 共享的概念，可以有效地解决以上两种问题。VNF 共享指的是不同服务功能链之间如果需要相同的 VNF，那么，可以只部署一个 VNF 实例，允许它们共同使用。这种假设既能够提高 VNF 的利用率，又减少了网络中部署的 VNF 实例数量，从而极大程度上提高网络资源的利用率。然而，由于单个 VNF 实例对象可能同时被多条服务功能链所使用，那么就存在以下两个问题：①给定某个 VNF 实例对象，它需要为多条服务功能链提供服务，但不支持并行处理操作。假设这些服务功能链的流量在某一时刻同时到达，那么，这个 VNF 该如何处理这些不同的流量。②当服务器节点上的 VNF 实例对象部署过多时，势必会造成该节点负载过重。于是，随着网络状态的变化，某个节点发生过载现象时，可能会影响到该节点上的 VNF 对象。更重要的是，过载会导致该节点成为网络瓶颈，从而限制网络整体性能。

　　针对以上问题，需要对使用同一个 VNF 实例对象的不同流量进行合理的调度，从而最大化 VNF 的利用率。具体来说，就是使用当前 VNF 对象且属于不同服务功能链的流量分配对应的时间片，用于对到达的流量进行相应的处理。需要注意的是，这些 VNF 对象既可以由物理服务器直接提供，也可以部署在虚拟机上提供服务。目前，针对 VNF 共享情况下的调度研究还较少，传统的调度算法在处理此类问题时也尚有一些不足之处，如 FCFS 算法，它严格按照流量的到达顺序提供服务。由于不对老鼠流和大象流进行区分，就可能导致老鼠流的等待时间过长，进而增加整体的处理时延。因此，需要进一步探索新的调度方案。

　　通常来说，VNF 实例具有一定的状态特性(stateful)。那么，在面对 VNF 调度问题时，需要记录所有使用该 VNF 的流状态信息，以便后续的跟踪和监控。同时，也需要考虑如何转移该 VNF 内部所保存的流状态信息。由于目前 VNF 的运行环境(宿主)主要为虚拟机，大部分的研究倾向于通过迁移整个虚拟机来实现 VNF 的迁移。一方面，基于虚拟机的迁移机制具有一定的灵活性和可靠性，且通常用于数据中心。另一方面，相较于单个 VNF，迁移整个虚拟机所需的成本、能耗等都较高。另外需要注意的是，单个虚拟机上可能运行着多个 VNF。通常情况下，并非所有的 VNF 都需要被迁移。这种矛盾就导致虚拟机的迁移可能会对其他服务功能链的性能造成一定影响。基于以上因素，有必要实现更加细粒度的 VNF 调度机制来满足多方面的需求，进而实现网络流量的动态调度。

　　针对以上介绍的调度问题，本章分别基于最小加代数理论(min-plus algebra theory, MAT)和理想逼近(technique for order preference by similarity to an ideal solution, TOPSIS)法，提出 VNF 调度(VNF scheduling, VNF-S)算法。VNF-S 算法的重点在于解决 VNF 中的流量调度问题。因此，假设 VNF 实例对象已经被部署到网络中。针对共享 VNF 实例对象的服务功能链，基于最小加代数理论提出新的服务功能链性能模型。该模型将 VNF 序列整合为一个串联的服务系统，同时介绍该串联级系统的性能指标(如时延和数据流量积压)预估函数。在此基础上，引入公平策略，实现对 VNF 的公平调度。同时支持对已经分配的，但处于闲置状态的资源进行重新分配，从而达到最大化网络资源利用率的目的。

5.2　服务功能链优化框架结构

本章提出的服务功能链优化框架如图 5.1 所示。该优化框架由两部分组成，分别为 VNF 调度优化算法和负载均衡/迁移模块。另外，它们之间并不存在相互依赖关系。根据系统的输入来判断需要调用 VNF 调度优化算法还是负载均衡/迁移模块进行处理。具体而言，当输入的用户请求中存在多条服务功能链同时到达的情况时，交由 VNF 调度优化算法对这些流量进行调度，从而快速地实现对这些流量的处理；当网络中存在严重节点过载的情况时，无论 VNF 调度优化算法所采用的调度策略多么有效，都将无法取得期望的效果，此时则交由负载均衡/迁移模块进行处理，它选择性地将该过载节点上的部分 VNF 迁移到其他轻负载的节点上，从而达到优化整个网络的目的。

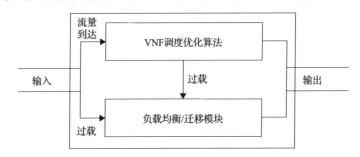

图 5.1　服务功能链优化框架

从图 5.1 中可以观察到，只有在节点没有过载的情况下，才能保证调度策略的有效性。因此，尽管 VNF 调度优化算法和负载均衡/迁移模块相互独立，它们之间也存在一定的内在相关性。

5.3　服务功能链优化模型与算法

为了解决 VNF 共享条件下的调度问题，本节首先基于最小加代数理论建立新的服务功能链模型。该模型支持在不同服务功能链之间共享 VNF。在此基础上，提出一种相对公平的 VNF 调度算法，为到达的不同流量分配合理的执行时间片，从而最大化 VNF 的利用率。

5.3.1　问题与模型

本节同样使用图 $G(N,L)$ 来建立网络拓扑模型。其中，N 表示网络中用于运行 VNF 的虚拟机集合，L 表示虚拟机之间的虚拟链路。另外，每个虚拟机支持同时运行一个或者多个不同的 VNF 实例。由于本章的重点在于解决 VNF 调度问题，所以在建立模型和设计算法时，均假设 VNF 实例已经部署在网络中。

1. 虚拟网络功能

目前，VNF 种类繁多。给定任意一种 VNF，网络中可能同时存在多个对应的实例对象。于是，统一使用符号 F^V 来表示，具体如下：

$$F^V = \{ f_i^V \mid i \in [1, |F^V|] \} \tag{5.1}$$

式中，f_i^V 表示网络中存在的第 i 种 VNF。那么，给定任意的 f_i^V，网络中可能已经部署了至少一个实例对象。于是，使用 $f_{i,j}^V (j > 0)$ 表示 f_i^V 的第 j 个实例对象，同时建立 $f_{i,j}^V$ 的流量模型。

给定任意的 VNF 实例对象 $f_{i,j}^V$，在时间间隔 $[0,t]$ 内，累计到达该实例对象的流量（以 bit 为单位）用符号 $A_{i,j}^V(t)$ 表示。显然，$A_{i,j}^V(t)$ 函数非负，且不存在递减的情况。在此基础上，为了更加细粒度地描述到达的流量，需要对 $A_{i,j}^V(t)$ 进行完善。于是，引入符号 $A_{i,j}^V(\tau,t)$ 表示时间间隔 $(\tau,t]$ 内累计到达 $f_{i,j}^V$ 的流量。其中，$t \geqslant \tau > 0$。综合考虑这两个函数，得到以下公式：

$$A_{i,j}^V(\tau,t) = A_{i,j}^V(t) - A_{i,j}^V(\tau) \tag{5.2}$$

基于式 (5.2)，极端的情况为 $A_{i,j}^V(t,t) = A_{i,j}^V(0) = 0, \forall t > 0$。

同样地，在时间间隔[0,t]内累计离开 $f_{i,j}^V$ 的流量使用符号 $D_{i,j}^V(t)$ 表示。由于累计离开 VNF 的流量不可能超过累计到达的总流量，所以具有以下结论：

$$A_{i,j}^V(t) \geqslant D_{i,j}^V(t), \quad \forall t > 0 \tag{5.3}$$

对于式(5.3)，当 $A_{i,j}^V(t) > D_{i,j}^V(t)$ 时，流量到达 $f_{i,j}^V$ 的速度要快于离开的速度，从而导致 $f_{i,j}^V$ 来不及处理多余的数据，造成了数据的积压；当 $A_{i,j}^V(t) = D_{i,j}^V(t)$ 时，意味着 $f_{i,j}^V$ 中的数据积压继续保持平衡。

为了将 $A_{i,j}^V(t)$ 和 $D_{i,j}^V(t)$ 进行关联，本节假设每个 VNF 都处于连续运转的状态。也就是说，只要有数据流量等待处理，这些 VNF 就会一直工作下去。对于 $f_{i,j}^V$，在时间间隔 $(\tau,t]$ 内，它所能提供的有效服务能力用符号 $S_{i,j}^V(\tau,t)$ 表示。根据式(5.2)，同样可以得出 $S_{i,j}^V(0,t) = S_{i,j}^V(t)$。

对于 $f_{i,j}^V$，给定任意的两个时间点 τ 和 $t(\geqslant \tau)$，并且假设这两个时间点隶属于同一个繁忙周期。那么，在此期间，$f_{i,j}^V$ 将会以满负荷的状态运行。换言之，$f_{i,j}^V$ 全部有效的服务能力将会被用于处理到达的数据流量。基于这种情况，建立 $D_{i,j}^V(t)$ 与 $S_{i,j}^V(\tau,t)$ 之间的关联模型：

$$D_{i,j}^V(t) = D_{i,j}^V(\tau) + S_{i,j}^V(\tau,t) \tag{5.4}$$

式中，分别假设 τ 和 t 为上一个繁忙周期的开始时间点和结束时间点。那么，

$$D_{i,j}^V(\tau) = A_{i,j}^V(\tau) \tag{5.5}$$

将式(5.5)代入式(5.4)中，则

$$D_{i,j}^V(t) = A_{i,j}^V(\tau) + S_{i,j}^V(\tau,t) \tag{5.6}$$

由于 τ 通常是未知的，对式(5.6)进行转换，得到如下所示的通用形式：

$$D_{i,j}^V(t) \geqslant \min_{\tau \in [0,t]} \{ A_{i,j}^V(\tau) + S_{i,j}^V(\tau,t) \} \tag{5.7}$$

另外，由于离开 $f_{i,j}^V$ 的总数据量不会超过到达的总数据量，即 $A_{i,j}^V(\tau) \geqslant$

$D_{i,j}^V(\tau)$。将其代入式(5.4)中，得到以下公式：

$$D_{i,j}^V(t) \leqslant A_{i,j}^V(\tau) + S_{i,j}^V(\tau,t) \tag{5.8}$$

同样，对式(5.8)进行通用化处理，得到以下公式：

$$D_{i,j}^V(t) \leqslant \min_{\tau \in [0,t]} \{A_{i,j}^V(\tau) + S_{i,j}^V(\tau,t)\} \tag{5.9}$$

综合式(5.7)和式(5.9)，可以得到以下结论：

$$D_{i,j}^V(t) = \min_{\tau \in [0,t]} \{A_{i,j}^V(\tau) + S_{i,j}^V(\tau,t)\} \tag{5.10}$$

基于式(5.10)，现引入最小加代数的概念。具体而言，最小加代数理论分别使用最小化操作来替换加法操作，使用加法操作替换乘法操作。于是，基于最小加代数理论，可以将式(5.10)转换如下：

$$D_{i,j}^V(t) = (A \otimes S)_{i,j}^V(t) \tag{5.11}$$

式中，$\otimes$ 表示最小加代数理论中的卷积操作。

2. 服务功能链

基于最小加代数理论中的卷积操作，任意数量的子系统序列可以很容易被整合为一个完整的串联系统。从服务功能链的角度来说，它由若干个 VNF 按照特定顺序组成。如果将每个 VNF 看作一个单独的子系统，那么，由它们组成的服务功能链可以看作一个完整的串联系统。因此，本节基于最小加代数理论来建立服务功能链模型。

为了与前面介绍的符号相对应，本节会对一些前面已经定义过的符号变量进行重新定义。网络中的服务功能链集合使用 $\Psi = \{\Psi_p \mid p \in [1, |\Psi|]\}$ 表示。对于任意服务功能链请求 Ψ_p，它的 VNF 需求表示如下：

$$F_p^S = \{f_{p,q}^S \mid q \in [1, |F_p^S|]\} \tag{5.12}$$

式中，F_p^S 与 F_p^V 具有一定的映射关系。F_p^S 表示服务功能链的 VNF 需求，F_p^V 表示已经部署在网络中的 VNF 实例对象。另外，在式(5.12)中，$f_{p,q}^S$ 表示 Ψ_p 需要的第 q 个 VNF。因此，分别使用 $A_{p,q}^S(t)$ 和 $D_{p,q}^S(t)$ 表示在一定时间间隔内

到达和离开 $f_{p,q}^S$ 的累计流量，且这些流量属于 Ψ_p。于是，根据 5.3.1 节"虚拟网络功能"中的解释，可以得到以下公式：

$$A_{p,1}^S(t) \geqslant D_{p,1}^S(t) \geqslant A_{p,2}^S(t) \geqslant D_{p,2}^S(t) \geqslant \cdots \geqslant A_{p,|F_p^S|}^S(t) \geqslant D_{p,|F_p^S|}^S(t) \quad (5.13)$$

由于本章侧重分析 VNF 的性能，所以对于任意服务功能链，假设两两邻接的 VNF 之间不存在路由阻塞的情况。基于这种假设，式(5.13)修改如下：

$$A_{p,1}^S(t) \geqslant D_{p,1}^S(t) = A_{p,2}^S(t) \geqslant D_{p,2}^S(t) = \cdots = A_{p,|F_p^S|}^S(t) \geqslant D_{p,|F_p^S|}^S(t) \quad (5.14)$$

实际上，根据特定的 VNF 部署策略，会将 $f_{p,q}^S$ 映射到某个 $f_{i,j}^V$ 上。而 $f_{i,j}^V$ 是一个已经部署在网络中的 VNF 实例对象，它可能被多条不同的服务功能链使用。基于这种情况，需要将 $f_{i,j}^V$ 的服务能力分配给使用它的每一条服务功能链。于是，假设 $f_{p,q}^S$ 映射到 $f_{i,j}^V$ 上，且分配的服务能力使用符号 $S_{p,q}^S(t)$ 表示，则可得以下定理。

定理 5.1　给定任意服务功能链 Ψ_p，其流量要按顺序通过 $\{f_{p,1}^S, f_{p,2}^S, \cdots, f_{p,|F_p^S|}^S\}$。假设 Ψ_p 所分配到的服务能力为 $S_p^S(t)$，它由 $\{S_{p,1}^S(t), S_{p,2}^S(t), \cdots, S_{p,|F_p^S|}^S(t)\}$ 组成，具体表述如下：

$$S_p^S(t) = S_{p,1}^S(t) \otimes S_{p,2}^S(t) \otimes \cdots \otimes S_{p,|F_p^S|}^S(t) \quad (5.15)$$

证明　先考虑前两个 VNF，即 $f_{p,1}^S$ 和 $f_{p,2}^S$。根据式(5.14)可知，$A_{p,2}^S(t) = D_{p,1}^S(t)$。将它代入式(5.11)中，得到以下结论：

$$D_{p,2}^S(t) = A_{p,2}^S(t) \otimes (S_{p,1}^S \otimes S_{p,2}^S)(t) \quad (5.16)$$

由式(5.16)可以看出，通过使用最小加代数理论中的卷积运算，两个串联的 VNF 子系统可以组合为一个独立且等价的系统，即 $S_{p,1}^S(t) \otimes S_{p,2}^S(t)$。自然地，通过重复地调用式(5.11)，可以将 $|F_p^S|$ 个 VNF 组合为一个等价且完整的服务功能链，如式(5.15)所示。上述过程如图 5.2 所示。其中，$A_{\text{through}}(t)$ 表示属于当前服务功能链的流量，而 $A_{\text{cross}}(t)$ 表示属于其他服务功能链的流量。

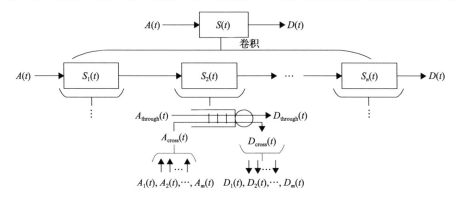

图 5.2　基于最小加代数理论的 VNF 卷积

3. 性能指标模型

将服务功能链 Ψ_p 看作一个由 VNF 组合的串联系统，那么，在时间间隔 $(\tau,t]$ 内，累计到达第一个 VNF（即 $f^S_{p,1}$）和离开最后一个 VNF（即 $f^S_{p,|F^S_p|}$）的流量分别用 $A^S_p(\tau,t)$ 和 $D^S_p(\tau,t)$ 表示。在这种情况下，本节基于一种广泛使用的受约束包络函数来定义 $A^S_p(\tau,t)$ 的上界，具体如下：

$$A^S_p(\tau,t) \leqslant \rho(t-\tau)+\sigma \tag{5.17}$$

式中，$\rho>0$ 表示数据流量的到达速率；$\sigma \geqslant 0$ 是数据突发参数。

基于以上边界函数，定义两种重要的性能指标模型，分别为数据积压和时延。数据积压指标用符号 $\Delta^S_p(t)$ 表示，而时延用符号 $\Gamma^S_p(t)$ 表示。首先，数据积压表示在队列中等待和正在处理过程中的流量总和。图 5.3 给出了一条服务功能链的到达流量与离开流量随时间变化的曲线。其中，虚线表示到达的流量，实线表示离开的流量。那么，给定时刻 t（对应坐标 x 轴），两条曲线的纵向之差即为当前滞留的数据总量。因此，将该指标描述如下：

$$\Delta^S_p(t) = A^S_p(t) - D^S_p(t) \tag{5.18}$$

另外，根据式(5.10)，将式(5.18)扩展如下：

$$\Delta^S_p(t) = A^S_p(t) - \min_{\tau\in[0,t]}\{A^S_p(\tau)+S^S_p(\tau,t)\}$$
$$\leqslant \max_{\tau\in[0,t]}\{A^S_p(\tau,t)-S^S_p(\tau,t)\} \tag{5.19}$$

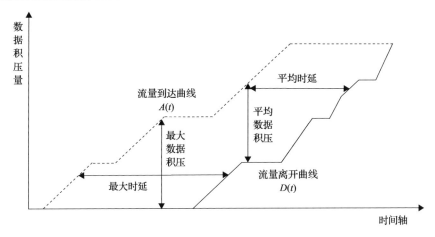

图 5.3　时延与数据积压示例图

式 (5.19) 给出了数据积压指标的最大上确界。其中，函数 $A_p^S(\tau,t)$ 的上界由式 (5.17) 给出，函数 $S_p^S(\tau,t)$ 的计算将在后面介绍。

同样，对于服务功能链的时延，如图 5.3 所示，给定数据量(对应坐标 y 轴)，那么，两条曲线的横向之差即为这些数据量从进入到离开所需要的时间。因此，将服务功能链的时延指标规划如下：

$$\Gamma_p^S(t) = \min\{\varepsilon \geqslant 0 : A_p^S(t) - D_p^S(t+\varepsilon) \leqslant 0\} \qquad (5.20)$$

式中，ε 表示偏移时间。对于一定的流量，它从进入到完全离开 VNF 的这段时间看作 VNF 处理所需要的时延。同样，根据式 (5.10)，可以将式 (5.20) 展开如下：

$$\begin{aligned} A_p^S(t) - D_p^S(t+\varepsilon) &= A_p^S(t) - \min_{\tau \in [0,t]}\{A_p^S(\tau) + S_p^S(\tau, t+\varepsilon)\} \\ &\leqslant \max_{\tau \in [0,t]}\{A_p^S(\tau,t) - S_p^S(\tau, t+\varepsilon)\} \end{aligned} \qquad (5.21)$$

将式 (5.20) 和式 (5.21) 结合，可得

$$\Gamma_p^S(t) \leqslant \min\{\varepsilon \geqslant 0 : \max_{\tau \in [0,t]}\{A_p^S(\tau,t) - S_p^S(\tau, t+\varepsilon)\} \leqslant 0\} \qquad (5.22)$$

那么，给定服务功能链 Ψ_p，它的数据积压、时延指标与时间之间的关系如式 (5.19) 和式 (5.22) 所示。

5.3.2 服务功能链优化算法

对于网络中的任意 $f_{i,j}^V$，它可能被多条不同的服务功能链所共享。换句话说，可能有多个 $f_{p,q}^S$ 被映射到 $f_{i,j}^V$ 上。为了建立这种映射关系，定义以下变量：

$$X_{i,j}^{p,q} = \{0,1\}, \quad \forall i,j,p,q > 0 \tag{5.23}$$

式中，1 表示 $f_{p,q}^S$ 被映射到 $f_{i,j}^V$ 上，0 则表示没有。于是，存在以下约束条件：

$$\sum_{p=1}^{|\Psi|}\sum_{q=1}^{|F_p^S|} X_{i,j}^{p,q} \geqslant 0, \quad \forall i,j > 0$$
$$1 \geqslant \sum_{i\in[1,|F^V|]}\sum_{j>0} X_{i,j}^{p,q} \geqslant 0, \quad \forall p,q > 0 \tag{5.24}$$

为了合理公平地将 VNF 的服务处理能力分配给每条使用它的服务功能链，根据每条服务功能链的大小为其分配一个权值（呈正比关系），分别用 $\{\omega_1,\omega_2,\cdots,\omega_{|\Psi|}\}$ 表示。给定任意 VNF 实例 $f_{i,j}^V$，将其服务能力（$S_{i,j}^V(t)$）按照时间序列离散化。那么，就可以将这种服务能力看作一种资源，并分配给同时使用该 VNF 的服务功能链。由此，得出 $S_{i,j}^V(t)$ 的公式如下：

$$S_{i,j}^V(t) = \sum_{p\in[1,|\Psi|]}\sum_{q\in[1,|F_p^S|]} S_{p,q}^S(t)X_{i,j}^{p,q}, \quad \forall i,j,t > 0 \tag{5.25}$$

对于任意使用 $f_{i,j}^V$ 的服务功能链 Ψ_p，如果在时刻 t 存在数据流量阻塞在 $f_{i,j}^V$ 中，那么就发生了积压现象。在这种情况下，给定另外一条服务功能链 $\Psi_{p'}(p'\neq p)$，它也使用同一个 $f_{i,j}^V$，则 Ψ_p 与 $\Psi_{p'}$ 的关系描述如下。

定义 5.1　给定任意 $f_{i,j}^V$，它由两条服务功能链共同使用，分别为 Ψ_p 的第 q 个 VNF（$f_{p,q}^S$）以及 $\Psi_{p'}$ 的第 q' 个 VNF（$f_{p',q'}^S$）。如果 $f_{p,q}^S$ 在时间间隔 $(\tau,t]$ 内在 $f_{i,j}^V$ 中连续地发生积压现象，那么，分配给 Ψ_p 和 $\Psi_{p'}$ 的服务能力之间的关系描述如下：

$$S_{p,q}^S(\tau,t) \geqslant \frac{\omega_p S_{p',q'}^S(\tau,t)}{\omega_{p'}}, \quad p'\in[1,|\Psi|], \quad q,q'\geqslant 0 \tag{5.26}$$

为了不失一般性，假设所有使用 $f_{i,j}^V$ 的服务功能链都在一个集合中，用符号 M 表示。于是，对于所有的 $\Psi_{p'} \in M$，将式(5.26)一般化如下：

$$
\begin{aligned}
&\sum_{\Psi_{p'} \in M} S_{p,q}^S(\tau,t) \geqslant \sum_{\Psi_{p'} \in M} \frac{\omega_p S_{p',q'}^S(\tau,t)}{\omega_{p'}} \\
&\xrightarrow{\text{推出}} S_{p,q}^S(\tau,t) \geqslant \omega_p \sum_{\Psi_{p'} \in M} \frac{S_{p',q'}^S(\tau,t)}{\omega_{p'}}
\end{aligned}
\tag{5.27}
$$

由于每个 VNF 可以看作一个持续工作的服务器，那么，假设它以一个固定的速率 r 持续运转。于是，

$$
S_{i,j}^V(\tau,t) = r(t-\tau)
\tag{5.28}
$$

将式(5.25)和式(5.28)代入式(5.27)中，将其展开如下：

$$
\begin{aligned}
\text{式}(5.27) \xrightarrow{\text{推出}} S_{p,q}^S(\tau,t) &\geqslant \frac{\omega_p}{\displaystyle\sum_{\Psi_{p'} \in M} \omega_{p'}} \sum_{\Psi_{p'} \in M} S_{p',q'}^S(\tau,t) \\
&\geqslant \frac{\omega_p}{\displaystyle\sum_{\Psi_{p'} \in M} \omega_{p'}} r(t-\tau)
\end{aligned}
\tag{5.29}
$$

然而，式(5.29)假设所有的服务功能链都能够完全使用分配到的服务能力，即它们会发生连续积压现象。事实上，很多服务功能链无法完全利用分配给它们的服务能力。因此，可以将这部分没有被充分利用的资源进行重新分配，用于服务其他存在积压现象的服务功能链，从而起到最大化服务/资源利用率的作用。基于这种考虑，对式(5.29)进行完善，扩展得到以下定理。

定理 5.2 给定任意 $f_{i,j}^V$，它被多条不同的服务功能链同时使用。假设它们之中存在一部分连续积压的服务功能链，用集合 $\Lambda(\in M)$ 表示。那么，式(5.29)的一般化表示如下：

$$
S_{p,q}^S(\tau,t) \geqslant \max_{\Lambda \in M} \left\{ \frac{\omega_p}{\displaystyle\sum_{\Psi_{p'} \in \Lambda} \omega_{p'}} \left(r(t-\tau) - \sum_{\Psi_{p'} \in M-\Lambda} S_{p',q'}^S(t) \right) \right\}
\tag{5.30}
$$

证明 对式(5.26)求和，可得

$$S_{p,q}^{S}(\tau,t) \geqslant \frac{\omega_p}{\sum\limits_{\Psi_{p'} \in \Lambda} \omega_{p'}} \sum\limits_{\Psi_{p'} \in M} S_{p',q'}^{S}(\tau,t)$$

$$= \frac{\omega_p}{\sum\limits_{\Psi_{p'} \in \Lambda} \omega_{p'}} \left(\sum\limits_{\Psi_{p'} \in M} S_{p',q'}^{S}(\tau,t) - \sum\limits_{\Psi_{p'} \in M - \Lambda} S_{p',q'}^{S}(\tau,t) \right) \quad (5.31)$$

$$= \frac{\omega_p}{\sum\limits_{\Psi_{p'} \in \Lambda} \omega_{p'}} \left(r(t-\tau) - \sum\limits_{\Psi_{p'} \in M - \Lambda} S_{p',q'}^{S}(\tau,t) \right)$$

那么，对式(5.31)进行通用化处理，可以得到式(5.30)。于是，定理 5.2 得证。基于以上规划，可以根据服务功能链的权值，将 VNF 的服务能力平均分配(或者重新分配)给使用它的每一条服务功能链。具体的伪代码如算法 5.1 所示。

算法 5.1   基于 VNF 共享的流量调度方法

输入：$G, \Psi, f_{i,j}^{V}, S_{i,j}^{V}(t), \{\omega_1, \omega_2, \cdots, \omega_{|\Psi|}\}$

输出：$S_{p,q}^{S}(\tau,t)$

开始

1:    根据式(5.25)和式(5.26)初始化 $S_{p,q}^{S}(\tau,t)$；

2:    将集合 Λ 和 M 初始化为空；

3:    **for**   每条使用 $f_{i,j}^{V}$ 的服务功能链   **do**

4:        将该服务功能链添加到集合 M 中；

5:        **if**   这条服务功能链处于数据积压状态   **do**

6:            将该服务功能链添加到集合 Λ 中；

7:        **end if**

8:    **end for**

9:    **if** $M - \Lambda$ 不为空   **do**

10:        根据定理 5.2 将以前分配给 $M-\Lambda$ 中的服务功能链的闲置资源重新分配

11:        给 Λ 中处于数据积压状态的服务功能链；

12:        **if** $S_{p,q}^{S}(\tau,t) \in M - \Lambda$ **do**

13:            回收 $S_{p,q}^{S}(\tau,t)$ 的闲置资源；

14:　　　**end if**

15:　　　**else do**

16:　　　　　将多余的闲置资源分配给 $S_{p,q}^{S}(\tau,t)$;

17:　　　**end else**

18:　　**end if**

19:　返回 $S_{p,q}^{S}(\tau,t)$;

结束

5.4　仿　真　实　验

5.4.1　参数设置

本章提出的 VNF-S 算法采用 Python 语言实现。为了对 VNF-S 算法进行评估和验证,在仿真中使用三种网络拓扑,分别为小规模拓扑(5 个虚拟机和 2 条服务功能链),用网络 I 表示;中规模拓扑(10 个虚拟机和 6 条服务功能链),用网络 II 表示;大规模拓扑(20 个虚拟机和 12 条服务功能链),用网络 III 表示。每个网络拓扑均为全连通,且每个虚拟机上能够运行 2 个或 3 个 VNF 实例。每条虚拟链路的带宽设置为 2Mbit/s。每个 VNF 的数据处理时间将在[10,20]ms 内随机选择。服务到达率在[10,20]KB 内随机进行选择。每条服务功能链所需要的 VNF 数量在 5 和网络规模大小之间随机进行选择。VNF-S 算法的对比采用两种基准算法。第一种为 FCFS 算法,它严格按照数据流量的到达顺序来进行处理。第二种利用遗传算法(genetic algorithm, GA)来解决 VNF 调度问题。

在每种网络拓扑下进行 100 次 VNF-S 算法的仿真,并取其平均结果。

5.4.2　实验结果

1. 调度时间

三种算法计算得到的调度时间汇总在表 5.1 中。对于 FCFS 算法,它根据服务请求的到达顺序来处理对应的数据流量。然而,一旦待处理的请求规模特别大(如大象流)时,FCFS 算法需要花费较长的时间来处理该请求,并且 FCFS 算法只有在处理完这条请求之后,才能去服务其他请求。对于较小的流(如老鼠流),它们可能需要等待一段很长的时间。这种情况的频繁发生将导致总的调度时间增加。因此,FCFS 算法在最坏情况下的调度时间复杂度为

$O(|\Psi||F^V|(T_i+T_w))$。其中，T_i 表示间隔时间，T_w 表示等待时间。基于 GA 的调度算法旨在通过迭代计算最小化等待时间，因此其调度时间复杂度为 $O(|\Psi||F^V|T_i)$。通过比较二者的复杂度，可以大概估计 GA 的调度时间要小于 FCFS 算法。该结论也能够从表 5.1 中观察得到。

表 5.1　三种算法在不同网络中的调度时间　　　　（单位：ms）

算法	网络 I	网络 II	网络III
VNF-S	65.3	76	99.7
GA	70	84.5	112.5
FCFS	81	97	131.7

VNF-S 算法的调度时间复杂度与 GA 相同，也为 $O(|\Psi||F^V|T_i)$。VNF-S 算法允许在不同服务功能链之间共享相同的 VNF 实例。这也就意味着：①VNF-S 算法需要部署的 VNF 实例数目($|F^V|$)少于 GA；②通过动态、公平的资源分配与重分配，VNF-S 算法能够有效地缩短等待时间。对于 GA，其调度时间还受迭代次数和初始化种群规模的影响，而 VNF-S 算法则没有此类约束，并且迭代次数过少或者种群规模过小都会导致 GA 算法得不到预期的结果。从这点看，VNF-S 算法要优于 GA。

2. 平均时延

平均时延的结果如图 5.4 所示，它由流量调度时延、数据处理时延和传播时延三部分组成。

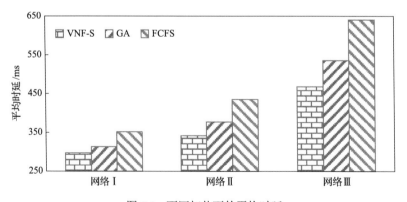

图 5.4　不同拓扑下的平均时延

由图 5.4 可以得出以下结论。整体上可以观察到，三种算法取得的平均时延都随着网络规模的增加而增加。另外，VNF-S 算法的平均时延最短，而 FCFS 算法的平均时延最长。基于前面的假设，VNF 实例已经部署在网络中，且服务功能路径已经设定，那么，三种算法计算得到的传播时延一致。于是只需要比较流量调度时延与数据处理时延。VNF-S 算法的流量调度时延最小，原因已经在前面介绍过。数据处理时延则主要由算法采用的策略决定。对于 FCFS 算法，它简单地根据数据的到达顺序进行服务，因此耗时较长。对于 GA，它优先为小规模数据流提供服务，因此降低了它们的等待时间，从而缩短整体的处理时延。但 GA 的数据处理时延仍然受到其固有特征(如基于编码和解码)的影响。对于 VNF-S 算法，它支持在不同服务功能链之间共享相同的 VNF 实例。由于可以将同一个 VNF 的服务能力分配给使用它的服务功能链，而且如果一条或者多条服务功能链没有充分使用分配到的服务资源，那么 VNF-S 算法将会对这些闲置的资源进行重新分配，用于处理积压的数据。基于这种考虑，VNF-S 算法可以较大程度地缩短数据处理时延。因此，VNF-S 算法所取得的平均时延最小。

3. 数据积压与吞吐量

数据积压与吞吐量的结果如图 5.5 所示。由于在三个不同规模的网络拓扑中所得到的结果趋势大致相同，本节以网络Ⅲ为仿真拓扑对算法进行评估，并讨论数据积压与吞吐量之间的关系。在图 5.5 中，第一个观察到的现象为当吞吐量增加较快时，数据积压的增长就较慢(如在时间点 70 之前)，反之亦然(如在时间点 80 之后)。如果存在数据积压，那就意味着 VNF 处于满负荷

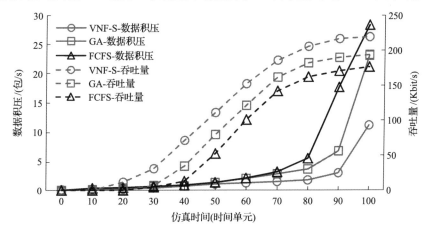

图 5.5　数据积压与吞吐量

工作的状态。这种情况下自然导致吞吐量稳定增长，因此，第一个现象是合理的。第二个观察到的现象为 VNF-S 算法相较于 GA 和 FCFS 算法，具有较高的吞吐量和较低的数据积压。同时具有较高的吞吐量和较低的数据积压现象是合理的，原因在分析第一个现象时已经解释过。VNF-S 算法提出对部署的 VNF 实例进行共享。基于这种考虑，VNF-S 算法能够对闲置的资源进行回收，并将其重新分配给存在数据积压的服务功能链，从而进一步提高网络资源的利用率。相反，FCFS 算法和 GA 并没有考虑资源的回收与重新分配。因此，它们的网络资源利用率和吞吐量相对于 VNF-S 算法要低。

5.5　本章小结

作为 SDN 和 NFV 背景下的重要应用场景，服务功能链的优化对提高服务质量和用户体验有极其重要的作用。本章分别从 VNF 调度的角度出发，对服务功能链的优化问题进行了深入的研究。通过设计和实现调度算法来解决共享 VNF 实例时多条流量同时到达的冲突情况。在提高吞吐量的同时避免了大量的资源碎片问题，从而最大化网络资源的利用率。基于提出的优化算法，促进了服务功能链的应用与发展。

第 6 章　总结与展望

如今，互联网中充满了大量基于专用硬件设备的网络服务功能，并且该数量还在不断增长之中。除此之外，基于专用硬件设备的网络功能通常固定部署在网络中的特定位置，无法根据需求进行灵活移动和重构。于是，这些趋势导致网络变得越来越僵化和臃肿。在这种情况下，不灵活的网络管理和苛刻的用户需求之间的矛盾越来越明显。为了解决这个问题，有必要提高网络的灵活性与创新性。SDN 和 NFV 作为两种新型的网络范式，它们从不同的角度将网络硬件与软件解耦，为网络的改革提供了方向。在此基础上，服务功能链作为 SDN 和 NFV 下最重要的应用场景之一，它为新型网络中服务模型的构建奠定了基础。因此，基于 SDN 和 NFV 的服务编排研究工作对网络的演进有着重要意义，但仍有诸多需要完善和优化的地方。

（1）对于服务功能链供给问题的研究，尽管已经存在诸多相关工作，但它们基本都在完全虚拟化的网络环境中进行理论测试与验证。换言之，这些工作均假设网络中的服务功能全部由不同的 VNF 实例对象来提供。事实上，传统的网络向 SDN 和 NFV 网络的转变很难做到一次就成功。在这种约束条件下，传统网络范式与新型网络范式之间的共存将无法避免，这也就导致专用网络功能与 VNF 之间的共存问题。于是，如何将这两种类型的网络服务功能结合起来为用户提供服务是眼下迫切需要解决的问题之一。此外，相较于移动网络所面临的限制，大部分的服务功能链供给研究工作均在固定网络（如 Internet）下展开。随着 5G 技术的逐渐发展和普及，服务功能链所带来的优势已经逐渐清晰。于是，如何在 5G 网络中实现服务功能链的供给也是急需研究的关键技术。除了移动 5G 网络之外，探索服务功能链供给问题在其他新型网络范式（如 ICN 和 MSN）中的应用也是潜在的研究方向。

（2）对于服务功能链重组问题，尽管它由服务功能链供给问题演化而来，但并没有像服务功能链供给问题那样受到足够的关注与研究。因此，服务功能链重组问题仍然存在诸多有待研究的地方。同样，VNF 与专用硬件功能之间的共存也是服务功能链重组过程中需要考虑的问题之一，原因在于没有必要在已经存在相关专用硬件网络功能的位置上部署具有相同功能特性的 VNF。另外，服务功能链重组过程中需要拆除部分现有的服务功能路径段，而这种情况会导致暂时的服务中断。服务中断的时间越长,用户体验就越差。于是,如何最小化服务中断时间是服务功能链重组问题深入研究过程中必须要思考的问题之一。除此之外,目前对服务功能链分解、重组、VNF 重映射和重调度还缺乏充分的研究。除了动态增加和删除服务功能之外,如何动态地提高或者减少分配给服务功能链的资源(如带宽)也是将来的研究方向之一。

(3)对于服务功能链优化问题,重点在于合理调度同时到达同一个 VNF 实例对象的不同流量。但事实上,影响调度的因素各种各样,包括流量类型、到达速率、生命周期等。因此,需要进一步研究和设计不同的流量调度算法以适应将来各种各样的网络应用场景。

参 考 文 献

[1] Nunes B A A, Mendonca M, Nguyen X N, et al. A survey of software-defined networking: Past, present, and future of programmable networks[J]. IEEE Communications Surveys & Tutorials, 2014, 16（3）: 1617-1634.

[2] Qazi Z A, Tu C C, Chiang L, et al. SIMPLE-fying middlebox policy enforcement using SDN[J]. ACM SIGCOMM Computer Communication Review, 2013, 43（4）: 27-38.

[3] Kreutz D, Ramos F M V, Veríssimo P E, et al. Software-defined networking: A comprehensive survey[J]. Proceedings of the IEEE, 2015, 103（1）: 14-76.

[4] Open Networking Foundation（ONF）. Software-defined networking: The new norm for networks[EB/OL]. https://www.opennetworking.org[2019-10-01].

[5] McKeown N, Anderson T, Balakrishnan H, et al. OpenFlow: Enabling innovation in campus networks[J]. ACM SIGCOMM Computer Communication Review, 2008, 38（2）: 69-74.

[6] Open Networking Foundation（ONF）. OpenFlow Switch Specification: Version 1.1.0[EB/OL]. https://tools.ietf.org/html/draft-mrw-sdnsec-openflow-analysis-02[2018-10-01].

[7] European Telecommunication Standards Institute（ETSI）. Network function virtualization（NFV）; Virtual network functions architecture[EB/OL]. http://www.etsi.org/deliver/etsi_gs/ NFV-SWA/001_099/001/01.01.01_60/gs_nfv-swa001v010101p.pdf [2018-03-01].

[8] ETSI. Network function virtualization（NFV）, management and orchestration[EB/OL]. https://www.etsi.org/deliver/etsi_gs/NFV-MAN/001_099/001/01.01.01_60/gs_NFV-MAN0 01v010101p.pdf [2017-01-01].

[9] ETSI. Network function virtualization（NFV）—White paper#1[EB/OL]. http://portal.etsi. org/NFV/NFV_White_Paper.pdf [2015-10-01].

[10] Mijumbi R, Serrat J, Gorricho J L, et al. Network function virtualization: State-of-the-art and research challenges[J]. IEEE Communications Surveys & Tutorials, 2016, 18（1）: 236-262.

[11] Open Networking Foundation（ONF）. OpenFlow Switch Specification v1.0[EB/OL]. https:// opennetworking.org/wp-content/uploads/2013/04/openflow-spec-v1.0.0.pdf [2015-10-01].

[12] Curtis A R, Jean T, Praveen Y, et al. DevoFlow: Scaling flow management for high performance networks[J]. Proceedings of the ACM SIGCOMM, 2011, 41（4）: 254-265.

[13] Yu M L, Rexford J, Freedman M J, et al. Scalable flow-based networking with DIFANE[J]. ACM SIGCOMM Computer Communication Review, 2010, 40（4）: 351-362.

[14] Open vSwitch[EB/OL]. http://www.NameBright.com[2015-12-01].

[15] OpenFlow. Pantou: OpenFlow 1.0 for OpenWRT[EB/OL]. https://github.com/CPqD/openflow-openwrt[2016-01-01].

[16] CPQD. OpenFlow 1.3 software switch[EB/OL]. http://cpqd.github.io/ofsoftswitch13[2016-10-01].

[17] Project Floodlight. Indigo: Open source OpenFlow switch[EB/OL]. https://github.com/floodlight/ivs[2016-11-01].

[18] Huawei. OFSwitch 1.3.4[EB/OL]. https://github.com/HuaweiSwitch/CloudEngine-Ansible[2016-09-01].

[19] FlowForwarding. INC-Switch[EB/OL]. https://onlinelibrary.wiley.com/doi/epdf/10.1002/wps.20648[2017-02-01].

[20] Rutka K, Kaplita K, Narayan S, et al. LINC switch[EB/OL]. https://link.springer.com/article/10.1007%2Fs11277-017-4654-9[2017-01-01].

[21] ONF. OpenFlow Switch Specification version 1.5.1[EB/OL]. https://www.opennetworking.org/wp-content/uploads/2014/10/openflow-switch-v1.5.1.pdf [2019-07-01].

[22] Tourrilhes J, Sharma P, Banerjee S, et al. SDN and OpenFlow evolution: A standards perspective[J]. Computer, 2014, 47(11): 22-29.

[23] Haleplidis E, Jamal H S, Halpern J M, et al. Network programmability with ForCES[J]. IEEE Communications Surveys & Tutorials, 2015, 17(3): 1423-1440.

[24] IETF RFC 7047. The Open vSwitch database management protocol[EB/OL]. https://tools.ietf.org/html/rfc7047[2017-05-01].

[25] Cisco. OpFlex control protocol[EB/OL]. http://www.cisco.com/c/en/us/solutions[2015-10-01].

[26] Bianchi G, Bonola M, Capone A, et al. OpenState: Programming platform independent stateful OpenFlow application inside the switch[J]. ACM SIGCOMM Computer Communication Review, 2014, 44(2): 44-51.

[27] Parniewicz D, Corin R, Ogrodowczyk L, et al. Design and implementation of an OpenFlow hardware abstraction layer[C]. Proceedings of the ACM SIGCOMM workshop on Distributed Cloud Computing, Chicago, 2014: 71-76.

[28] Sune M, Alvarez V, Jungel T, et al. An OpenFlow implementation for network processors [C]. Third European Workshop on Software Defined Networks(EWSDN), London, 2014: 123-124.

[29] Song H, Clara S. Protocol oblivious forwarding(POF)[C]. Proceedings of the Second ACM SIGCOMM Workshop on Hot Topics in Software Defined Networking, New York, 2013: 127-132.

[30] Belter B, Binczewski A, Dombek K, et al. Programmable abstraction of datapath[C]. Third European Workshop on Software Defined Networks(EWSDN), London, 2014: 7-12.

[31] Gude N, Koponen T, Pettit J, et al. NOX: Towards an operating system for networks[J]. ACM SIGCOMM Computer Communication Review, 2008, 38(3): 105-110.

[32] Koponen T, Amidon K, Balland P, et al. Network virtualization in multi-tenant datacenters [C]. Proceedings of the 11th USENIX Conference on Networked Systems Design and Implementation(NSDI 14), Seattle, 2014: 203-216.

[33] Project Floodlight. Floodlight[EB/OL]. https://www.sciencedirect.com/topics/computer-science/floodlight-controller[2018-01-01].

[34] Koponen T, Casado M, Gude N, et al. Onix: A distributed control platform for large-scale production networks[C]. Proceedings of the 9th USENIX Conference on Operating Systems Design and Implementation, Vancouver, 2010: 351-364.

[35] Tootoonchian A, Ganjali Y. HyperFlow: A distributed control plane for OpenFlow[C]. Internet Network Management Conference on Research on Enterprise Networking, San Jose, 2010: 1-6.

[36] Berde P, Gerola M, Hart J, et al. ONOS: Towards an open, distributed SDN OS[C]. Proceedings of the Third Workshop on Hot Topics in Software Defined Networking, New York, 2014: 1-6.

[37] OpenDaylight[EB/OL]. http://www.opendaylight.org[2019-07-01].

[38] NEC. Helios[EB/OL]. http://www.nec.com[2019-03-01].

[39] ETRI. IRIS Project[EB/OL]. http://openiris.etri.re.kr[2019-06-01].

[40] Jaxon: Java-based OpenFlow controller[EB/OL]. https://www.jaxon-php.org[2017-05-01].

[41] Cai Z, Cox A L, Ng T S E. Maestro: A system for scalable OpenFlow controller framework[J]. Computer Science, 2010, 1: 1-10.

[42] Voellmy A, Wang J C. Scaling software-defined network controllers on multicore servers [J]. ACM SIGCOMM Computer Communication Review, 2012, 42(4): 289-290.

[43] OpenMUL. MUL: OpenFlow controller[EB/OL]. http://sourceforge.net/projects/mul[2017-07-01].

[44] NodeFlow: An OpenFlow controller node style[EB/OL]. http://codingdict.com/os/software/85247[2016-08-01].

[45] Prete L R, Shinoda A A, Schweitzer C M, et al. Simulation in an SDN network scenario using the POX Controller[C]. IEEE Colombian Conference on Communications and Computing, Bogota, 2014: 1-6.

[46] Fedora Project. RYU network operating system[EB/OL]. https://github.com/ederlf/ryu [2017-11-01].

[47] NEC. Trema openflow controller framework[EB/OL]. http://github.com/trema/trema [2017-11-01].

[48] Sheerwood R, Gibb G, Yap K, et al. FlowVisor: A network virtualization layer[EB/OL]. https://www.researchgate.net/profile/Rob_Sherwood/publication/238109224_FlowVisor_ A_Network_Virtualization_Layer/links/004635373ca973b943000000/FlowVisor-A-Netw ork-Virtualization-Layer.pdf [2019-10-01].

[49] Shabibi A A, Leenheer M, Gerola M, et al. OpenVirteX: A network hypervisor[EB/OL]. https://www.usenix.org/system/files/conference/ons2014/ons2014-paper-al_shabibi.pdf [2018-12-01].

[50] MidoNet[EB/OL]. https://www.midonet.org[2018-11-01].

[51] RouteFlow[EB/OL]. ftp://ftp.registro.br/pub/gter/gter34/05-RouteFlow.pdf [2015-10-01].

[52] Drutskoy D A. Software Defined Network Virtualization with FlowN[M]. New Jersey: Princeton University Press, 2012.

[53] WMware, NSX[EB/OL]. http://www.vmware.com/files/cn/pdf/products/nsx/VMware-NSX- Datasheet.pdf [2018-01-01].

[54] Racherla S. Implementing IBM software-defined network for virtual environment[EB/OL]. http://www.redbooks.ibm.com/redbooks/pdfs/sg248203.pdf [2015-12-01].

[55] Berman M, Chase J S, Landweber L, et al. GENI: A federated testbed for innovative network experiments[J]. Computer Networks, 2014, 61: 5-23.

[56] Bock H. The Definitive Guide to NetBeans Platform[M]. Berlin: Springer, 2011.

[57] Cisco. One Platform Kit[EB/OL]. http://www.cisco.com/c/en/us/products/ios-nx-os-software/ onepk.html[2016-12-01].

[58] Yap K K, Huang T, Dodson B, et al. Towards software-friendly networks[C]. Proceedings of the First ACM Asia-Pacific Workshop on Systems, New Delhi, 2010: 49-54.

[59] Monaco M, Michel O, Keller E. Applying operating system principles to SDN controller design[C]. Proceedings of the 12th ACM Workshop on Hot Topics in Networks, New York, 2013: 1-7.

[60] Handigol N, Seetharaman S, Flajslik M. Plug-n-serve: Load-balancing web traffic using OpenFlow[C]. ACM SIGCOMM, Barcelona, 2009: 1-12.

[61] Handigol N, Seetharaman S, Flajslik M, et al. Aster X: Load-balancing web traffic over wide-area networks[C]. GENI Engineering Conference, Salt Lake City, 2013: 1-10.

[62] Network Working Group. Analysis of an equal-cost multi-path algorithm[EB/OL]. https://www.rfc-editor.org/info/rfc2992[2015-12-01].

[63] Al-Fares M, Radhakrishnan S, Raghavan B, et al. Hedera: Dynamic flow scheduling for data center networks[C]. Proceedings of the 7th USENIX Conference on Networked Systems Design and Implementation, San Jose, 2010: 1-13.

[64] Mogul J C, Tourrilhes J, Yalagandula P, et al. DevoFlow: Cost-effective flow management for high performance enterprise networks[C]. Proceedings of the 9th ACM SIGCOMM Workshop on Hot Topics in Networks, New York, 2010: 1-6.

[65] Egilmez H E, Dane S T, Bagci K T, et al. OpenQoS: An OpenFlow controller design for multimedia delivery with end-to-end quality of service over software-defined networks[C]. Asia-Pacific Signal & Information Processing Association Annual Summit and Conference (APSIPA ASC), Hollywood, 2013: 1-8.

[66] Seddiki M S, Shahbaz M, Donovan S, et al. FlowQoS: QoS for the rest of us[C]. Proceedings of the Third Workshop on Hot Topics in SDN, New York, 2014: 207-208.

[67] Bari M F, Chowdhury S R, Ahmed R, et al. PolicyCop: An autonomic QoS policy enforcement framework for software defined networks[C]. IEEE SDN for Future Networks and Services (SDN4FNS), Trento, 2013: 1-7.

[68] Sharma S, Staessens D, Colle D, et al. Implementing quality of service for the software-defined networking enabled future internet[C]. Third European Workshop on Software Defined Networks (EWSDN), London, 2014: 49-54.

[69] Kim W, Sharma P, Lee J, et al. Automated and scalable QoS control for the network convergence[C]. Proceedings of the Internet Network Management, Berkeley, 2010: 1-6.

[70] Jeong K, Kim J, Kim Y T, et al. QoS-aware network operating system for software-defined networking with generalized OpenFlow[C]. IEEE Network Operations and Management Symposium (NOMS), Maui, 2012: 1167-1174.

[71] Ishimori A, Farias F, Cerqueira E, et al. Control of multiple packet schedulers for improving QoS on OpenFlow/SDN networking[C]. Second European Workshop on Software Defined Networks (EWSDN), Berlin, 2013: 81-86.

[72] Jarschel M, Wamser F, Hohn T, et al. SDN-based application-aware networking on the example of YouTube video streaming[C]. Second European Workshop on Software Defined Networks (EWSDN), Berlin, 2013: 87-92.

[73] Wang G, Eugene T, Shaikh A, et al. Programming your network at run-time for big data applications[C]. Proceedings of the First Workshop on Hot Topics in SDN, New York, 2012: 103-108.

[74] Casado M, Freedman M, Pettit J, et al. Ethane: Taking control of the enterprise[C]. Proceedings of the Conference on Applications, Technologies, Architectures and Protocols for Computer Communications, Kyoto, 2007: 1-12.

[75] Mattos D M F, Fernandes N C, da Costa V T, et al. OMNI: OpenFlow Management infrastructure[C]. International Conference on the Network of the Future (NOF), Paris, 2011: 52-56.

[76] Bansal M, Mehlman J, Katti S, et al. OpenRadio: A programmable wireless dataplane[C]. Proceedings of the First Workshop on Hot Topics in SDN, New York, 2012: 109-114.

[77] Gudipati A, Perry D, Li L, et al. SoftRAN: Software defined radio access network[C]. Proceedings of the Second ACM SIGCOMM Workshop on Hot Topics in SDN, New York, 2013: 25-30.

[78] Zander J S, Suresh L, Sarrar N, et al. OpenSDWN: Programmatic orchestration of wifi networks[C]. Proceedings of the First ACM SIGCOMM Symposium on Software Defined Networking Research, Philadelphia, 2014: 347-358.

[79] sFlow[EB/OL]. http://www.sflow.org/sFlowOverview.pdf [2017-11-01].

[80] Myers A C. JFlow: Practical mostly-static information flow control[C]. Proceedings of the 26th ACM SIGPLAN-SIGACT Symposium on Principles of Programming Languages, New York, 1999: 228-241.

[81] NetFlow[EB/OL]. http://www.cisco.com/en/US/prod/collateral/iosswrel/ps6537/ps6555/ps6601 [2017-11-01].

[82] Chowdhury S R, Bari M F, Ahmed R, et al. PayLess: A low cost network monitoring framework for software defined networks[C]. IEEE Network Operations and Management Symposium (NOMS), Krakow, 2014: 1-9.

[83] Tootoonchian A, Ghobadi M, Ganjali Y, et al. OpenTM: Traffic matrix estimator for openflow networks[C]. Proceedings of 11th International Conference, Berlin, 2010: 201-210.

[84] Suh J, Kwon T T, Dixon C, et al. OpenSample: A low latency, sampling-based measurement platform for commodity SDN[C]. IEEE 34th International Conference on Distributed Computing Systems (ICDCS), Madrid, 2014: 228-237.

[85] Yu M, Jose L, Miao R, et al. Software defined traffic measurement with OpenSketch[C]. 10th USENIX Symposium on Networked Systems Design and Implementation (NSDI 13), Lombard, 2013: 29-42.

[86] Kreutz D, Ramos F M V, Verissimo P, et al. Towards secure and dependable software-defined networks[C]. Proceedings of the Second ACM SIGCOMM Workshop on Hot Topics in SDN, New York, 2013: 55-60.

[87] Scott-Hayward S. Design and deployment of secure, robust, and resilient SDN controllers [C]. First IEEE Conference on Network Softwarization (NetSoft), London, 2015: 1-5.

[88] Yu D, Moore A, Hall C, et al. Authentication for resilience: The case of SDN[C]. 21st International Workshop, Berlin, 2013: 39-44.

[89] Wen X T, Chen Y, Hu C C, et al. Towards a secure controller platform for OpenFlow applications[C]. Proceedings of the Second ACM SIGCOMM Workshop on Hot Topics in SDN, New York, 2013: 171-172.

[90] Mattos D, Menezes D, Duarte M, et al. AuthFlow: Authentication and access control mechanism for software defined networking[EB/OL]. http://www.gta.ufrj.br/ftp/gta/ TechReports/MFD14.pdf [2017-11-01].

[91] Scott-Hayward S, Kane C, Sezer S, et al. OperationCheckpoint: SDN application control[C]. IEEE 22nd International Conference on Network Protocols (ICNP), Raleigh, 2014: 618-623.

[92] Porras P, Shin S, Yegneswaran V, et al. A security enforcement kernel for OpenFlow networks[C]. Proceedings of the First Workshop on Hot Topics in SDN, New York, 2012: 121-126.

[93] Yao G, Bi J, Xiao P Y. Source address validation solution with OpenFlow/NOX architecture[C]. 19th IEEE International Conference on Network Protocols (ICNP), Vancouver, 2011: 7-12.

[94] Stabler G, Rosen A, Goasguen S, et al. Elastic IP and security groups implementation using OpenFlow[C]. Proceedings of the 6th International Workshop on Virtualization Technologies in Distributed Computing Date, New York, 2012: 53-60.

[95] Jafarian J H, Al-Shaer E, Duan Q. Openflow random host mutation: Transparent moving target defense using software defined networking[C]. Proceedings of the First Workshop on Hot Topics in Software Defined Networks, New York, 2012: 127-132.

[96] Huawei. Agile network[EB/OL]. http://developer.huawei.com/ict/cn/site-agile-network [2017-11-01].

[97] Jain S, Kumar A, Mandal S, et al. B4: Experience with a globally-deployed software defined WAN[J]. ACM SIGCOMM Computer Communication Review, 2013, 43 (4): 1-8.

[98] NoviFlow. NoviSwitch 1248 high performance OpenFlow switch[EB/OL]. http://noviflow. com/wp-content/uploads/NoviSwitch-1248-Datasheet-v2_1.pdf [2017-12-01].

[99] Staessens D, Sharma S, Colle D, et al. Software defined networking: Meeting carrier grade requirements[C]. 18th IEEE Workshop on Local & Metropolitan Area Networks (LANMAN), Chapel Hill, 2011: 1-6.

[100] Erickson D. The Beacon OpenFlow controller[C]. Proceedings of the Second ACM SIGCOMM Workshop on Hot Topics in Software Defined Networking, New York, 2013: 13-18.

[101] ETSI. NFV: Infrastructure overview[EB/OL]. https://www.etsi.org/deliver/etsi_gs/NFV-INF/001_099/001/01.01.01_60/gs_NFV-INF001v010101p.pdf [2015-12-01].

[102] ETSI. NFV: Infrastructure-compute domain[EB/OL]. https://www.etsi.org/deliver/etsi_gs/NFV-INF/001_099/003/01.01.01_60/gs_NFV-INF003v010101p.pdf [2015-12-01].

[103] ETSI. NFV: Infrastructure-hypervisor domain[EB/OL]. https://www.etsi.org/deliver/etsi_gs/NFV-INF/001_099/004/01.01.01_60/gs_NFV-INF004v010101p.pdf [2015-12-01].

[104] ETSI. NFV: Infrastructure-network domain[EB/OL]. https://www.etsi.org/deliver/etsi_gs/NFV-INF/001_099/005/01.01.01_60/gs_NFV-INF005v010101p.pdf [2015-12-01].

[105] ETSI. NFV: Terminology for main concepts[EB/OL]. https://www.etsi.org/deliver/etsi_gs/NFV/001_099/003/01.02.01_60/gs_NFV003v010201p.pdf [2015-12-01].

[106] Knaesel F J, Neves P, Sargento S. IEEE 802.21 MIH-enabled evolved packet system architecture[C]. Springer Third International ICST Conference on Mobile Networks Management, Berlin, 2011: 61-75.

[107] Zhao Y, Wang H Z, Lin X, et al. Pronto: Efficient test packet generation for dynamic network data planes[C]. IEEE 37th International Conference on Distributed Computing Systems(ICDCS), Atlanta, 2017: 13-22.

[108] Pianese F, Gallo M, Conte A, et al. Orchestrating 5G virtual network functions as a modular programmable data plane[C]. IEEE/IFIP Network Operations and Management Symposium(NOMS 2016), Istanbul, 2016: 1305-1308.

[109] Sun C, Bi J, Zheng Z, et al. SLA-NFV: An SLA-sware high performance framework for NFV[C]. SIGCOMM, New York, 2016: 581-582.

[110] Huang H W, Guo S, Wu J S, et al. Service chaining for hybrid network function[J]. IEEE Transactions on Cloud Computing, 2017, 7(4): 1-13.

[111] Verret R, Thompson S. Custom FPGA-based tests with COTS hardware and graphical programming[C]. Proceedings of IEEE Autotestcon, Orlando, 2010: 13-16.

[112] Data plane development toolkit(DPDK)[EB/OL]. http://dpdk.org[2015-12-01].

[113] Kourtis M A, Xilouris G, Riccobene V, et al. Enhancing VNF performance by exploiting SR-IOV and DPDK packet processing acceleration[C]. IEEE Conference on Network Function Virtualization and Software Defined Network(NFV-SDN), San Francisco, 2015: 74-78.

[114] IBM. System networking RackSwitch G8052[EB/OL]. http://www-01.ibm.com/support/docview.wss?uid=isg3T7000287&aid=1[2016-01-01].

[115] Cisco. Design and configuration guide: Best practices for virtual port channels(vPC) on Cisco Nexus 7000 series switches[EB/OL]. https://www.cisco.com/c/dam/en/us/td/docs/switches/datacenter/sw/design/vpc_design/vpc_best_practices_design_guide.pdf [2016-01-01].

[116] Rizzo L. Netmap: A novel framework for fast packet I/O[C]. USENIX Annual Technical Conference, Boston, 2012.

[117] Bronstein Z, Roch E, Xia J W, et al. Uniform handling and abstraction of NFV hardware accelerators[J]. IEEE Network, 2015, 29(3): 22-29.

[118] Fei X C, Liu F M, Xu H, et al. Towards load-balanced VNF assignment in geo-distributed NFV Infrastructure[C]. IEEE/ACM 25th International Symposium on Quality of Service(IWQoS), Vilanovaila Geltru, 2017: 1-10.

[119] Wang Y P, Wen M, Zhang C Y, et al. RVNet: A fast and high energy efficiency network packet processing system on RISC-V[C]. IEEE 28th International Conference on Application-specific Systems, Architectures and Processors(ASAP), Seattle, 2017: 1-10.

[120] Beck M T, Botero J F. Scalable and coordinated allocation of service function chains[J]. Computer Communications, 2017, 102(1): 78-88.

[121] ETSI. NFV: Resiliency requirements[EB/OL]. https://www.etsi.org/deliver/etsi_gs/NFV-REL/001_099/001/01.01.01_60/gs_NFV-REL001v010101p.pdf [2016-01-01].

[122] ETSI. NFV: Security and trust guidance[EB/OL]. https://www.etsi.org/deliver/etsi_gs/NFV-SEC/001_099/003/01.01.01_60/gs_NFV-SEC003v010101p.pdf [2016-01-01].

[123] Lopez D R. OpenMANO: The dataplane ready open source NFV MANO stack[C]. IETF Meeting Proceedings, Dallas, 2015: 1-12.

[124] Salguero F. Open source MANO[EB/OL]. https://osm.etsi.org/wikipub/images/5/5a/OSM_Introduction_Francisco.pdf [2016-01-01].

[125] OpenStack tacker[EB/OL]. https://wiki.openstack.org/wiki/Tacker[2016-01-01].

[126] Cloudify[EB/OL]. http://cloudify.co[2016-01-01].

[127] OPEN-O[EB/OL]. https://www.open-o.org[2016-01-01].

[128] Morton A. Considerations for benchmarking for virtual network functions and their infrastructure[J]. Ukrainian Mathematical Journal, 2017, 19(4): 473-477.

[129] Chiosi M. Network functions virtualization: Network operator perspectives on industry progress[J]. SDN and OpenFlow World Congress, 2014, 3(1): 1-16.

[130] Dobrescu M, Argyraki K, Ratnasamy S, et al. Toward predictable performance in software packet-processing platforms[C]. Proceedings of the 9th USENIX Conference on Networked Systems Design and Implementation, Berkeley, 2012: 1-14.

[131] Suksomboon K, Fukushima M, Okamoto S, et al. A dilated-CPU-consumption-based performance prediction for multi-core software routers[C]. IEEE NetSoft Conference and Workshops(NetSoft), Seoul, 2016: 193-201.

[132] Xu C, Chen X, Dick R P, et al. Cache contention and application performance prediction for multi-core systems[C]. IEEE International Symposium on Performance Analysis of Systems & Software(ISPASS), New York, 2010: 76-86.

[133] Kim T, Koo T, Paik E. SDN and NFV benchmarking for performance and reliability[C]. 17th Asia-Pacific Network Operations and Management Symposium(APNOMS), Busan, 2015: 600-603.

[134] Liu J J, Jiang Z Y, Kato N, et al. Reliability evaluation for NFV deployment of future mobile broadband networks[J]. IEEE Wireless Communications, 2016, 23(3): 90-96.

[135] Gao X J, Ye Z L, Fan J Y, et al. Virtual network mapping for multicast services with Max-Min fairness of reliability[J]. IEEE/OSA Journal of Optical Communications and Networking, 2015, 7(9): 942-951.

[136] Bernardo D V, Chua B B. Introduction and analysis of SDN and NFV security architecture(SN-SECA)[C]. IEEE 29th International Conference on Advanced Information Networking and Applications, Gwangiu, 2015: 796-801.

[137] Telco Systems. Protecting your SDN and NFV network from cyber security vulnerabilities with full perimeter defense[EB/OL]. http://www.telco.com/blog/wp-content/uploads/2015/11/Protecting-Your-SDN-and-NFV-Network-from-Cyber-Security-Vulnerabilities-with-Full-Perimeter-Defense.pdf [2015-12-01].

[138] Yang W, Fung C. A survey on security in network functions virtualization[C]. IEEE NetSoft Conference and Workshops(NetSoft), Seoul, 2016: 15-19.

[139] Liyanage M, Ahmad I, Ylianttila M, et al. Leveraging LTE security with SDN and NFV[C]. IEEE 10th International Conference on Industrial and Information Systems(ICIIS), Peradeniya, 2015: 220-225.

[140] Abdulkarem H S, Dawod A. DDoS attack detection and mitigation at SDN data plane layer[C]. The 2nd Global Power, Energy and Communication Conference(GPECOM), Izmir, 2020: 322-326.

[141] ARBOR Networks. Worldwide infrastructure security report[R/OL]. https://kapost-files-prod.s3.amazonaws.com/published/569e85ff426d9e582400000a/wisr-report.pdf[2016-12-01].

[142] NetFlow[EB/OL]. http://www.cisco.com/en/US/prod/collateral/iosswrel/ps6537/ps6555/ps6601[2016-02-01].

[143] Huawei. Huawei white paper, Observation to NFV[R]. Shenzhen: Huawei, 2014.

[144] Wedge networks white paper. Network functions virtualization for security(NFV-S) [EB/OL]. http://www.wedgenetworks.com/lit/Wedge20Whitepaper20NFV-S-06032014.pdf [2016-02-01].

[145] Battula L R. Network security function virtualization(NSFV) towards cloud computing with NFV over Openflow infrastructure: Challenges and novel approaches[C]. International Conference on Advances in Computing, Communications and Informatics (ICACCI), New Delhi, 2014: 1622-1628.

[146] Krishnaswamy D, Krishnan R, Lopez D, et al. An open NFV and cloud architectural framework for managing application virality behavior[C]. 12th Annual IEEE Consumer Communications and Networking Conference(CCNC), Las Vegas, 2015: 746-754.

[147] Bellavista P, Callegati F, Cerroni W, et al. Virtual network function embedding in real cloud environments[J]. Computer Networks, 2015, 93(3): 506-517.

[148] Kavvadia E, Sagiadinos S, Oikonomou K, et al. Elastic virtual machine placement in cloud computing network environments[J]. Computer Networks, 2015, 93: 435-447.

[149] CloudNFV[EB/OL]. http://www.cloudnfv.com/WhitePaper.pdf [2016-02-01].

[150] Alcatel. CloudBand[EB/OL]. https://www.nokia.com/networks/solutions/cloudband [2016-01-01].

[151] Srinivasan G A S, Prince S. All optical OFDM transmission system based future optical broadband networks[C]. International Conference on Wireless Communications, Signal Processing and Networking(WiSPNET), Chennai, 2016: 1154-1158.

[152] Nejabati R, Peng S, Channegowda M, et al. SDN and NFV convergence a technology enabler for abstracting and virtualising hardware and control of optical networks[C]. Optical Fiber Communications Conference and Exhibition(OFC), Los Angeles, 2015: 1-3.

[153] Zhao Y L, Li Y J, Tian R, et al. Network function virtualization in software defined optical transport networks[C]. Optical Fiber Communications Conference and Exhibition (OFC), Anaheim, 2016: 1-3.

[154] Vilalta R, Mayoral A, Muñoz R, et al. Multitenant transport networks with SDN/NFV[J]. Journal of Lightwave Technology, 2016, 34(6): 1509-1515.

[155] Vilalta R, Mayoral A, Muñoz R, et al. Multitenant transport networks with SDN/NFV[C]. European Conference on Optical Communication(ECOC), Valencia, 2015: 1-3.

[156] Riera J F, Hesselbach X, Escalona E, et al. On the complex scheduling formulation of virtual network functions over optical networks[C]. 16th International Conference on Transparent Optical Networks (ICTON), Graz, 2014: 1-5.

[157] Martínez R, Mayoral A, Vilalta R. Integrated SDN/NFV orchestration for the dynamic deployment of mobile virtual backhaul networks over a multilayer (packet/optical) aggregation infrastructure[J]. IEEE/OSA Journal of Optical Communications and Networking, 2017, 9(2): A135-A142.

[158] Aguado A, Hugues-Salas E, Haigh P A, et al. Secure NFV orchestration over an SDN-controlled optical network with time-shared quantum key distribution resources[J]. Journal of Lightwave Technology, 2017, 35(8): 1357-1362.

[159] Zhang J M, Xie W L, Yang F Y. An architecture for 5G mobile network based on SDN and NFV[C]. 6th International Conference on Wireless, Mobile and Multi-Media (ICWMMN), Beijing, 2016: 87-92.

[160] Costa-Perez X, Garcia-Saavedra A, Li X, et al. 5G-Crosshaul: An SDN/NFV integrated fronthaul/backhaul transport network architecture[J]. IEEE Wireless Communications, 2017, 24(1): 38-45.

[161] Parker M C, Koczian G, Adeyemi-Ejeye F, et al. CHARISMA: Converged heterogeneous advanced 5G cloud-RAN architecture for intelligent and secure media access[C]. European Conference on Networks and Communications (EuCNC), Athens, 2016: 240-244.

[162] Cau E, Corici M, Bellavista P, et al. Bohnert, efficient exploitation of mobile edge computing for virtualized 5G in EPC architectures[C]. 4th IEEE International Conference on Mobile Cloud Computing, Services, and Engineering (MobileCloud), Oxford, 2016: 100-109.

[163] Abdelwahab S, Hamdaoui B, Guizani M, et al. Network function virtualization in 5G[J]. IEEE Communications Magazine, 2016, 54(4): 84-91.

[164] Bouras C, Ntarzanos P, Papazois A. Cost modeling for SDN/NFV based mobile 5G networks[C]. 8th International Congress on Ultra Modern Telecommunications and Control Systems and Workshops (ICUMT), Lisbon, 2016: 56-61.

[165] Mijumbi R, Serrat J, Gorricho J L, et al. Server placement and assignment in virtualized radio access networks[C]. 11th International Conference on Network and Service Management (CNSM), Barcelona, 2015: 398-401.

[166] Gavrilovska L, Rakovic V, Atanasovski V. Visions toward 5G: Technical requirements and potential enablers[J]. Wireless Personal Communications, 2016, 87(3): 731-757.

[167] HP business white paper, IoT to drive NFV adoption[R]. Palo Alto: HP, 2016.

[168] Vilalta R, Mayoral A, Pubill D, et al. End-to-end SDN orchestration of IoT services using an SDN/NFV-enabled edge node[C]. Optical Fiber Communications Conference and Exhibition (OFC), Anaheim, 2016: 1-3.

[169] Omnes N, Bouillon M, Fromentoux G, et al. A programmable and virtualized network & IT infrastructure for the internet of things[C]. 18th International Conference on Intelligence in Next Generation Networks (ICIN), Paris, 2015: 64-69.

[170] Du P, Putra P, Yamamoto S, et al. A context-aware IoT architecture through software-defined data plane[C]. IEEE Region 10 Symposium (TENSYMP), Bali, 2016: 315-320.

[171] Ojo M, Adami D, Giordano S. A SDN-IoT architecture with NFV implementation[C]. IEEE Globecom Workshops (GCWkshps), Washington D.C., 2016: 1-6.

[172] Abeele F, Hoebeke J, Teklemariam G K, et al. Sensor function virtualization to support distributed intelligence in the internet of things[J]. Wireless Personal Communications, 2015, 81 (4): 1415-1436.

[173] Kutscher D. ICN research challenges[EB/OL]. https://www.rfc-editor.org/info/rfc7927 [2016-03-01].

[174] Li S G, Zhang Y Y, Raychaudhuri D, et al. A comparative study of mobilityfirst and NDN based ICN-IoT architectures[C]. 10th International Conference on Heterogeneous Networking for Quality, Reliability, Security and Robustness (QShine), Rhodes, 2014: 158-163.

[175] Ren J, Li L M, Chen H, et al. On the deployment of information-centric network: Programmability and virtualization[C]. International Conference on Computing, Networking and Communications (ICNC), Garden Grove, 2015: 690-694.

[176] Trajano A F R, Fernandez M P. ContentSDN: A content-based transparent proxy architecture in software-defined networking[C]. IEEE 30th International Conference on Advanced Information Networking and Applications (AINA), Crans-Montana, 2016: 532-539.

[177] Ueda K, Yokota K, Kurihara J, et al. Towards the NFVI-assisted ICN: Integrating ICN forwarding into the virtualization infrastructure[C]. IEEE Global Communications Conference (GLOBECOM), Washington D.C., 2016: 1-6.

[178] Edeline K, Donnet B. Towards a middlebox policy taxonomy: Path impairments[C]. 17th IEEE International Workshop on Network Science for Communication Networks (NetSciCom 2015), Hong Kong, 2015: 402-407.

[179] Carpenter B. Middleboxes: Taxonomy and issues[EB/OL]. https://www.rfc-editor.org/info/rfc3234[2017-01-01].

[180] Chudnov A, Naumann D A. Inlined information flow monitoring for JavaScript[C]. ACM SIGSAC Conference on Computer and Communications Security, New York, 2015: 629-643.

[181] Internet Engineering Task Force (IETF). Service function chain architecture[EB/OL]. https://datatracker.ietf.org/doc/rfc7665/[2015-12-01].

[182] ONF. L4-L7 Service function chaining solution architecture[EB/OL]. https://datatracker. ietf.org/doc/rfc7645[2015-12-01].

[183] Sahhaf S, Tavernier W, Rost M, et al. Network service chaining with optimized network function embedding supporting service decompositions[J]. Computer Networks, 2015, 93 (3): 492-505.

[184] Lee G, Kim M, Choo S, et al. Optimal flow distribution in service function chaining[C]. 10th International Conference on Future Internet (CFI 15), New York, 2015: 17-20.

[185] Mijumbi R, Serrat J, Gorricho J L, et al. Design and evaluation of algorithms for mapping and scheduling of virtual network functions[C]. First IEEE Conference on Network Softwarization (NetSoft), London, 2015: 1-9.

[186] Németh B, Czentye J, Vaszkun G, et al. Customizable real-time service graph mapping algorithm in carrier grade networks[C]. IEEE Conference on Network Function Virtualization and Software Defined Networks, San Francisco, 2015: 28-30.

[187] Ao T. Analysis of the SFC scalability[J]. Journal of Hellenic Studies, 2015, 78: 1-10.

[188] Qu L, Assi C, Shaban K. Network function virtualization scheduling with transmission delay optimization[C]. IEEE/IFIP Network Operations and Management Symposium (NOMS), Istanbul, 2016: 638-644.

[189] Xia J, Cai Z P, Xu M. Optimized virtual network functions migration for NFV[C]. IEEE International Conference on Parallel and Distributed Systems, Wuhan, 2016: 340-346.

[190] Carpio F, Dhahri S, Jukan A. VNF placement with replication for Loac balancing in NFV networks[C]. IEEE International Conference on Communications (ICC), Paris, 2017: 1-6.